F-22猛禽戰機

Lockheed Martin F/A-22 Raptor

傑伊・米勒（Jay Miller） 著 楊晨光 譯

國家圖書館出版品預行編目 (CIP) 資料

F-22 猛禽戰機 / 杰伊 . 米勒作 ; 楊晨光譯 . -- 第一版 . -- 臺北市 : 風格司藝術創作坊 , 2019.05
面 ; 公分
譯自 : *Lockheed Martin F/A–22 Raptor*
ISBN 978-957-8697-44-7(平裝)

1. 戰鬥機

598.61 108005160

全球防務 003

F-22 猛禽戰機

Lockheed Martin F/A-22 Raptor

作　　者：杰伊．米勒（Jay Miller）
譯　　者：楊晨光
責任編輯：苗　龍
出　　版：風格司藝術創作坊
地　　址：10671 台北市大安區安居街 118 巷 17 號
Tel：（02）8732-0530　Fax：（02）8732-0531
http://www.clio.com.tw
總 經 銷：紅螞蟻圖書有限公司
Tel：（02）2795-3656　Fax：（02）2795-4100
地　　址：11494 台北市內湖區舊宗路二段 121 巷 19 號
http://www.e-redant.com
出版日期：2019 年 5 月　第一版第一刷
訂　　價：480 元

目錄 CONTENTS

F-22是怎樣製造的？

當今空戰環境（空空、空地作戰）是人類歷史上面臨的最複雜、最精密、最尖端的挑戰。這些戰鬥永遠要求更高的戰鬥性能，消耗數目驚人的資金，也讓座艙裡的飛行員們挑戰著身體的極限。

洛克希德·馬丁公司的F/A-22A「猛禽」戰鬥機是集人類智慧的一種成就——是一個可以規劃並實現單一或多功能任務的作戰平臺——用於執行各種應急空戰任務。「猛禽」的確像它的名字一樣，是個「多面手」，能夠在歷史上最複雜的電子戰環境中，應對所有想像得到的空中對手並戰勝它們。

同時，F/A-22A戰鬥機也可以發射隱形對地武器。這些武器能夠最精確地命中目標。

當所有這些戰鬥性能被集于一體時，F/A-22A戰鬥機就不再只是一架風馳電掣、力量強大、功能全面而且電磁隱形的飛機，而是一架——至少在理論上——天下無敵的殲擊轟炸機。這樣的性能註定F/A-22A的技術核心要突破大量重點和難點——正如洛克希德・馬丁公司的設計師和建造者們以及空軍所規劃的那樣——把各種系統、子系統、武器如此緊密無間地安裝在一架超級戰鬥機上。

以上這些，讓F-22戰鬥機高昂的價格成為可以理解的現實。這其中，不僅包括有形的資金成本，也包括許多無形的價值，諸如可靠性、可維護性以及價格的合理性。因此F/A-22A戰鬥機保持了極高的公眾形象，也同時成為備受爭議的財政目標。當筆者寫下這些文字的時候，國會中關於F-22戰鬥機的生產數量和生產週期的爭論還遠沒有結束。

即使按照美國的標準，F/A-22A戰鬥機的價格也是相當昂貴的。關於F-22戰鬥機的單機價格，有千差萬別的說法。這些說法有不同的來源，受各種各樣主觀因素的影響。空軍和洛克希德・馬丁公司公佈的價格接近2億美元。同時，政府部門包括國會和國防部的幾個預算辦公室，宣稱單機價格接近2.5億美元。

整個項目的成本還在增加。到目前為止，總項目成本已經比1986年項目正式啟動時提高了127%，接近800億美元。可以預測的是，在F/A-22A項目結束之前，這一數字仍將增加。

無論哪個數字是真實準確的，F/A-22A戰鬥機，作為空軍耗資如此巨大的一個項目，仍有許多重要的問題需要解決。還沒有人能夠肯定，F/A-22A的眾多作戰性能指標是否能說明其成本的合理性。

不斷增加的預算壓力和其他軍用飛機項目，讓越來越多挑剔的眼光不斷去審視：F/A-22A的性價比是否合理？它的巨額成本是否值得？同時，這些分析家們也在質問：在空中或是地面真有

下圖：三架F/A-22A（00-4012、00-4013、00-4015）2004年3月在內華達州的內利斯空軍基地。

什麼威脅，需要像F/A-22A這樣魔法般的技術性能嗎？

無論如何，迄今為止的所有資料都表明，天空中從未飛翔過像F/A-22A這樣強大的人造空中戰鬥平臺。根據飛行員的報告和已公佈的性能摘要，F/A-22A戰鬥機的性能，特別是在操縱、巡航、電子戰、武器和隱形性能方面，都要遠遠超過那些性能優良但已明顯過時的「前輩」，像格魯曼公司的F-14戰鬥機、波音公司的F-15戰鬥機、洛克希德．馬丁公司的F-16戰鬥機以及波音公司的F/A-18戰鬥機。

歷史上，從來沒有像F/A-22A這樣的設計，從零開始，一步步把致命武器系統、電子戰接口、超音速巡航性統一到一架電磁透明的隱形戰機上。

下圖：位於愛德華茲空軍基地的F/A-22A（99-4010），用於作戰測評項目。

上圖：2004年3月攝於內華達州的內利斯空軍基地的F/A-22A（00-4012），紅色進氣道塞上的標誌為「第67飛機維護中隊」。

這樣令人印象深刻的戰鬥性能和超前的技術思維應該受到當前以及未來美國政府的預算限制嗎？這樣的非凡性能真的必要嗎？答案有待揭曉。

本書詳細記錄了迄今為止F/A-22A專案的全過程。

致謝

1992年，我有幸與洛克希德・馬丁公司YF-22A小組的飛行測試主管理查・「迪克」・艾布拉姆斯（Richard「Dick」Abrams）合作撰書，以簡要介紹這種原型機的開發過程和飛行測試專案。我們本來希望，隨著F/A-22A戰鬥機項目的進行，不斷深入我們的寫作。但不幸的是，迪克不久就去世了，我們的工作也因此中斷。13年後的今天，只剩下我獨自一人繼續撰寫這本關於F/A-22A的書，但「迪克」的工作並沒有被忘記。我希望這本新書，能夠成為多年前我和迪克共同完成的作品的續篇。

在那本關於YF-22的書出版的時候，杰夫・羅茲（Jeff Rhodes）當時只是洛克希德・馬丁公司航空系統（LMAS）公共關係部門（位於喬治亞州的瑪麗埃塔市）的一名初級職員。他在新戰鬥機的研製過程中一直非常友好地幫助和指導我。在這個過程中，他以及洛克希德・馬丁公司的其他職員，都希望能生產出最高效的空中作戰平臺，並能順利地通過開發、生產和裝備部隊等各個階段。同迪克一起，杰夫也為那本書的成功出版提供了幫助。

雖然時間逝去，但杰夫一直投身於洛克希德・馬丁公司的工作和F/A-22A專案。最重要的是，他始終是我的益友，為我撰寫這本關於F/A-22A的新書，他再次提供了至關重要的幫助。實際上，書中首次公開的大量圖片和各種事件細節，都是他幫助收集的。

同時，洛克希德・馬丁公司的戰術航空系統（位於德克薩斯州的沃思堡）的埃裡克・何（Eric Heh）——洛克希德公司《一號代碼》雜誌（一本非常好的雜誌）的主編，也為本書提供了幫助。

如果沒有杰夫和埃裡克的幫助，這本書可能永遠無法面世。對於他們二人，我在此特別致以誠懇的感謝。

當然，還有很多人，直接或間接地為這本F/A-22A發展史的出版做出了重要和巨大貢獻。他們包括：

洛克希德・馬丁公司（德克薩斯州的沃思堡分部）的湯姆・布萊克尼（Tom Blakeney）、邁克・摩爾（Mike Moore）、戴夫・拉塞爾（Dave Russell）、詹姆斯・沙展（James Sergeant）、喬・斯托特（Joe Stout）。

洛克希德・馬丁公司（喬治亞州的瑪麗埃塔分部）的特裡・貝爾（Terry Beyer）、格裡・開羅斯（Greg Caires）、邁克・德勞德爾（Mike Delauder）、羅布・富勒（Rob

上圖：一架位於愛德華茲空軍基地的F/A–22A。

Fuller）、約翰・希克曼（John Hickman）、弗蘭克・諾麗絲（Frank Knowles）、小約翰・派伯（Jr., John Pieper）、鮑伯・帕拉斯特（Bob Prester）、迪克・馬丁（Dick Martin）、約翰・羅斯諾（John Rossino）、鮑伯・塔特爾（Bob Tuttle）。

誠摯感謝洛克希德・馬丁公司攝影小組的賈德森・布魯默（Judson Brohmer，已故）及他的妻子亞力山德拉（Alesandra）、丹尼・倫巴第（Denny Lombard）、凱文・羅伯遜（Kevin Robertson）、埃裡克・斯庫爾津格（Eric Schulzinger）。

同樣要感謝大衛・埃朗斯丁（David Aronstein）、邁克爾・郝斯伯格（Michael Hirschberg）、亞伯特・皮西裡洛（Albert Piccirillo），他們撰寫的《F-22「猛禽」戰鬥機——21世紀空中優勢戰鬥機的起端》（美國航空航天局，1998）一書提供了大量有價值的資訊。這本書非常值得一讀，尤其對於那些想清楚瞭解F/A-22早期發展史的讀者。

其他應感謝的人還有：Teal集團的理查・阿布拉菲亞（Richard Abulafia）；《空軍》雜誌的蓋伊・埃西托（Guy Aceto）；普惠公司的特德・布萊克（Ted Black）、唐納德・卡森（Don Carson）；萊特・派特森空軍基地公共事務部的巴斯特・克利夫蘭（Buster Cleveland）、湯姆・考普蘭德（Tom Copeland）、凱文・康（Kevin Coyne）、吉姆・埃文斯（Jim Evans）、蘇姍・弗恩斯（Susan Ferns）；《國際飛行》的保羅・格萊德曼（Paul Gladman）；Goodrich公司的詹姆斯・古多（James Goodall）、埃德・約賓（Ed Jobin）；德克薩斯儀錶公司的達娜・約翰森（Dana Johnson）；洛克希德・馬丁公司帕姆代爾工廠的戴安・可尼普（Dianne Knippel）；托尼・蘭蒂斯（Tony Landis），感謝他提供了F/A-22A的圖紙資料；沙曼・瑪林（Sherman Mullin），1986-1991年期間任YF-22A及F/A-22A專案經理、洛克希德試製公司總裁，現已退休；波音公司的特裡・帕諾裡斯（Terry Panopalis）、埃德・菲利浦斯（Ed Phillips）和「切克」・拉米（「Chick」 Ramey）；波音公司的米奇・羅絲（Mick Roth）、埃裡克・斯曼森（Erik Simonsen）；理查・斯塔德勒（Richard Stadler），已退休；普惠公司的詹姆斯・斯蒂文森（James Stevenson）、比爾・斯威特曼（Bill Sweetman）、勞裡・塔迪弗（Laurie Tardif）；約翰・威爾弗（John Wilhoff）和克裡斯・烏達爾（Chris Woodul）。

最重要的是，我要再次向我耐心的妻子蘇姍道一聲感謝。她是我最好的朋友，在過去的31年裡，如果沒有她不斷的鼓勵和支持，我會一事無成。

杰伊・米勒（Jay Miller）

下圖：一架尚未完成雷達波吸收材料覆層的F/A-22A（01-4020）在喬治亞州瑪麗埃塔製造中心。

1 最先進的戰鬥機
The Most Advanced Fighter in the World

洛克希德·馬丁公司的F/A-22A「猛禽」戰鬥機被設計為21世紀美國空中優勢戰鬥機的主戰機種。2005年末，它具備初始戰鬥能力後，開始承擔這一重任，直到2025年退役。它將被用於任何時間和地點、面對不同敵人的各類戰鬥中，以保持空中優勢。

此外，洛克希德·馬丁公司的F/A-22A戰鬥機集其他隱形飛機之所長，如諾·格公司的B-2A戰略轟炸機和洛克希德·馬丁公司的F-117A攻擊機，同時，它還是具備部分對地攻擊能力的F/A-22A戰鬥機，既能消滅戰鬥空域的敵機和巡航導彈，也能摧毀和破壞敵軍的地對空導彈基地，從而消除地對空導彈對其他能力較弱的飛機的威脅，如洛克希德·馬丁公司的F-16戰鬥機、波音公司的F-15戰鬥機、仙童公司的A-10攻擊機以及波音公司的F/A-18戰鬥機。

美國空軍並非妄談如此高的戰鬥能力和要求。自信來源於通過各類戰鬥能力和戰鬥特性的有機融合，保證設計目標可以實現。這些戰鬥特性包括：低可見性（隱形）、不使用加力（噴射複

上圖：為確定F/A–22A的體系結構所進行的大量無水準尾翼式ATF風洞測試中的一次。

燃裝置）的長距離超音速續航能力（超級巡航）、高度複雜的一體化電子控制系統。

而且，F/A-22A戰鬥機具有更靈活的操縱性能、更強大的武器裝備、更簡單的維護需求、更穩定的作戰能力，以及比歷史上所有同類飛機更強大的空對地攻擊性能。

拉裡・紐（Larry New），第325戰鬥機聯隊的前指揮官，在最近的一次採訪中強調：「猛禽戰鬥機將新時代的技術帶到空戰中，讓我們的飛機比任何敵對飛機先進兩代，並改變了空軍在美國當前同等武器系統中的地位。猛禽戰鬥機的技術優勢與嚴格的訓練相結合，能確保我們獲得制空權，從而使採取其他軍事行動成為可能。」

研製一種新型空中優勢戰鬥機的要求（ATF，即先進戰術戰鬥機，當時也被臨時稱為先進對地攻擊戰鬥機）始於1969至1970年期間。當時，空軍將其作為美國戰術空軍「1985」研究項目（TAC-85）的一部分。在計畫中，這種新型戰鬥機的主要任務是空對地攻擊，空對空作戰能力則只能滿足自衛要求。它計畫用於替代麥道公司生產的F-4「鬼怪」式戰鬥機，共和航空公司的F-105「雷公」戰鬥轟炸機以及通用動力公司的F-111「土豚」戰鬥轟炸機。

在1971年4月到6月間，來自戰術空軍司令部（TAC）、空軍總部、空軍作戰司令部（AFSC）、航空系統部（ASD）以及分析部門的代表們共同召

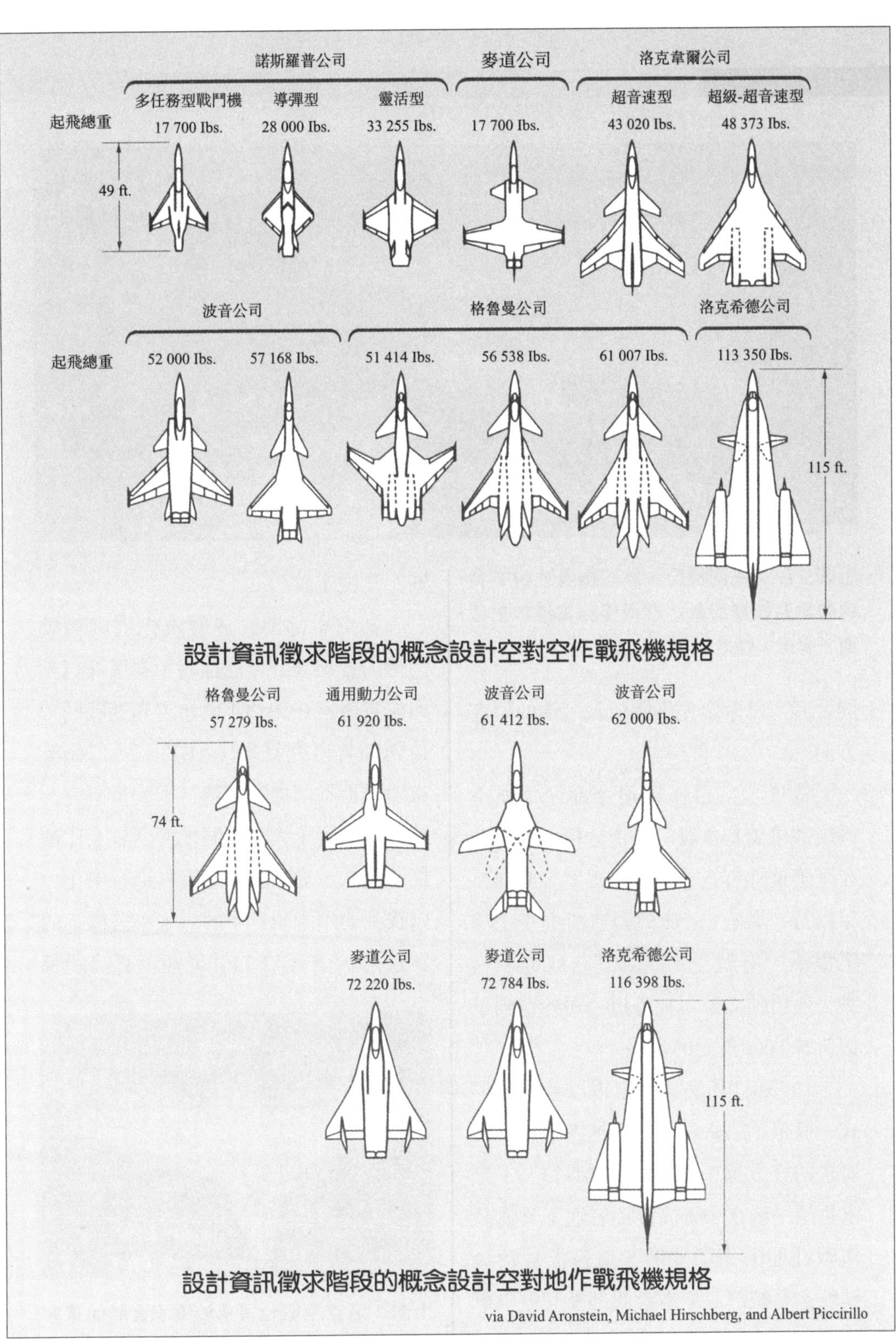

上圖：美國各大飛機製造企業根據《設計資訊徵求書》提交的概念設計。請注意其空對空設計相對空對地設計而取得的技術突破。

上圖：ATF風洞模型，縮短機身並帶有特殊的垂直尾翼設計，從而優化雷達散射截面（隱形）性能。

開會議，以確定先進戰術戰鬥機的研究方向。

會後，空軍作戰司令部命令航空系統部確認基本設計權衡分析資訊，並在全美飛機製造業中徵求提案。到1971年11月，共有8家飛機製造商提交了專案提案，由航空系統部進行研究。最終，通用動力公司和麥道公司各得到了價值200 000美元的合同。

1973年1月26日，空軍以草案的形式，發佈了第一份關於先進戰術戰鬥機要求的官方檔（TACROC301-73），要求生產一種在中等高度亞音速下具備高作戰性能的作戰飛機。這份檔被轉發到航空系統部、空軍參謀部及其他空軍部門。各部門對最初草案的回饋各不相同，無法定論。

當空軍部門忙於審查先進戰術戰鬥機的各種設計可能性時，空軍飛行動力學實驗室在1973年開始了先進戰鬥機技術綜合研究計畫（AFTI）。這個計畫對先進戰鬥機技術進行了大量研究，特別是進行了大量風洞模型測試及比值控制測試，從而對各項資料進行優化，以找到適用于萌芽中的「未來飛機」的新技術。儘管AFTI計畫並不直接關係

上圖：洛克希德公司用於風洞實驗的眾多ATF基本架構研究模型之一。

到先進戰術戰鬥機，但AFTI計畫的大量成果對先進戰術戰鬥機的最終結構體系和飛行包線都產生了相當大的影響。

隨後幾十年裡，空軍以研製先進戰術戰鬥機的名義對大量飛行平臺的性能、作戰能力以及構造進行了研究。這些研究中，有不少被列於最初的（ROC）301-73文檔的修訂本中，另有一些研究項目如下：

1974年，空對地（ATS）攻擊技術綜合與評價研究；

1975年，短距離空中支援作戰任務分析；

1976年，短程空中支援/戰場遮斷（CAS/BI）作戰任務分析；

1976年，進攻性空中支援作戰任務分析（OASMA）；

1976～1977年，對地打擊系統研究（S3）；

1978年，對地打擊系統研究專案被劃分為兩部分：加強戰術戰鬥機和先進戰術攻擊系統，兩者又合稱為改進型戰術攻擊系統（ITAS）；

1979年，戰術戰鬥機技術備選方案（TAFTA，空對地攻擊技術綜合與評價研究的後續研究專案）及「1995」戰鬥機研究專案（兩項研究實際上都在1981年中期結束）。

在不同的地點，針對不同的研究主題，研究工作一步步地推進著，這其中也包括「先進防空作戰任務分析（ACEMA）」。這些研究旨在回答「作戰要素需求綜述（MENS）」中提出的問題。這些問題有：

- 應該研發什麼樣的戰鬥機？
- 1995年的主要戰鬥需求是什麼？
- 現有技術能達到何種目標？
- 合理的成本應該是多少？

「先進防空作戰任務分析」和「作戰要素需求綜述」之後，又進行了先進

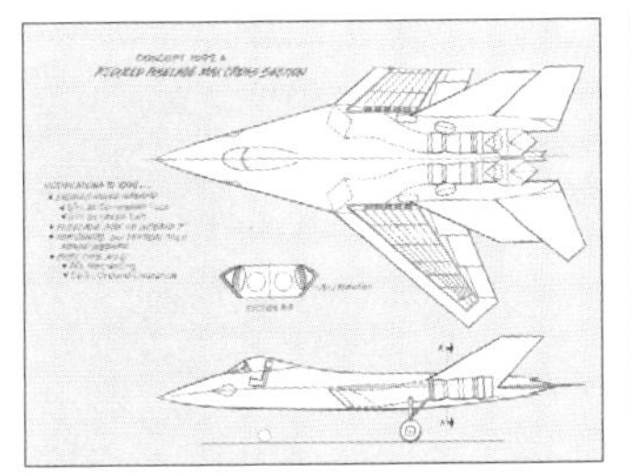

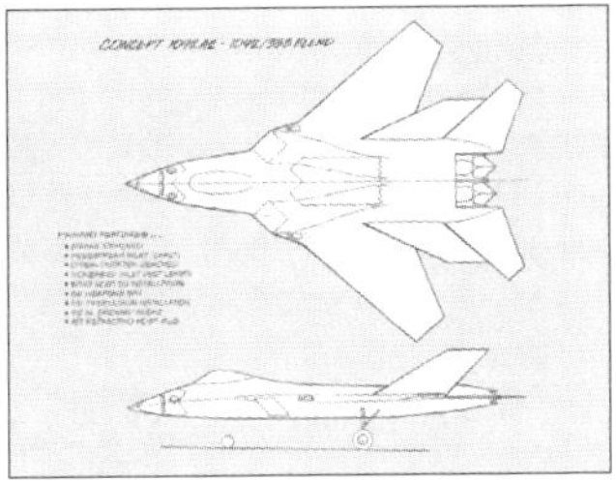

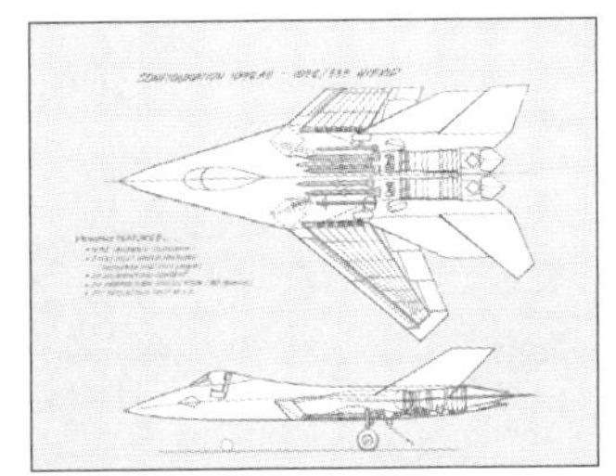

下圖：洛克希德・馬丁公司的三份概念設計圖紙〔1092A、1092A2（1092/333架構的融合體）、1092A3（1092/333架構的融合派生設計）〕，正是這些概念設計成為YF-22原型機的直接設計基礎。

戰術攻擊系統任務分析（ATASMA）。這個項目用於找出戰術空軍空對地作戰中的不足，並甄別和評價技術潛力、各種作戰觀念和一般性備選方案，以求彌補這些不足。

直到1980年，空對空作戰才被首次列入先進戰術戰鬥機的研發項目列表。到1980年4月，空軍發佈了一份新的關於作戰飛機技術的專案管理指示（PMD，編號R-Q7036（4）/63230F），修改了先進戰術戰鬥機項目的研究方向，要求專案把重點放在核心概念的開發上，並同時開發用於下一

本頁圖及對頁圖：洛克希德・馬丁公司用於風洞實驗的大量ATF模型。所看到的這些模型僅代表先進戰術戰鬥機各種設計的一小部分。這些用於高速風洞試驗的模型主要由鋼製成。將紙上的一份設計作品變成一個鋼制模型的成本是相當高昂的。所以，這些都是相當有競爭力的設計作品。

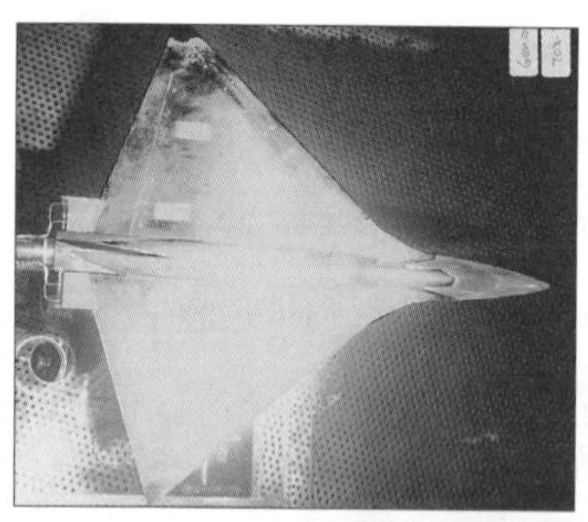

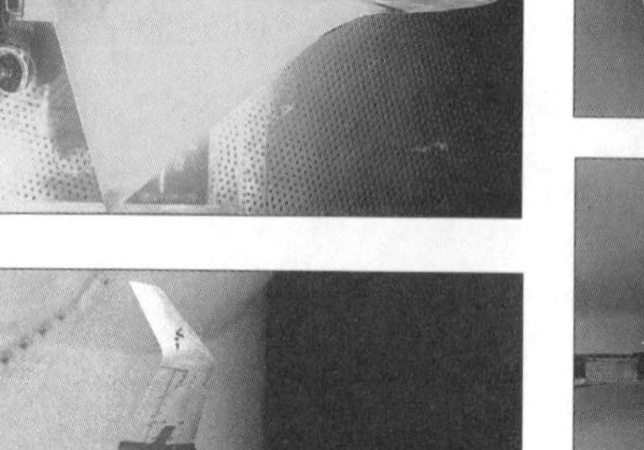

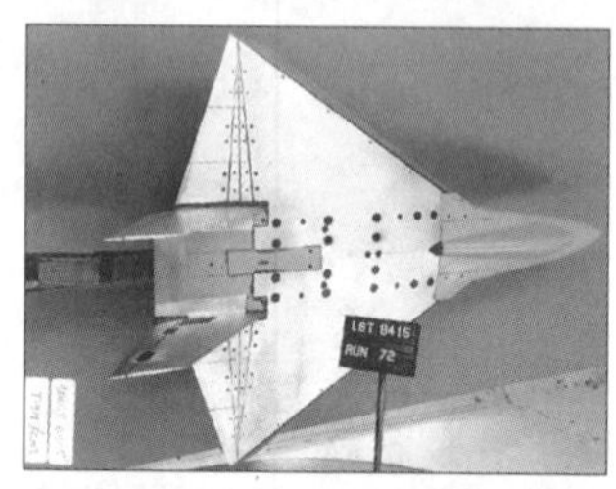

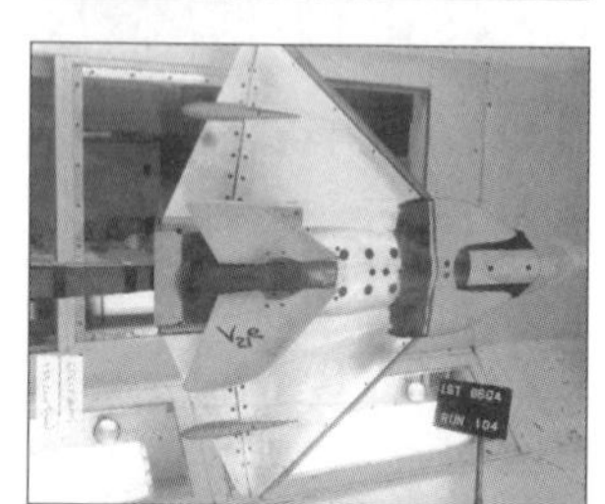

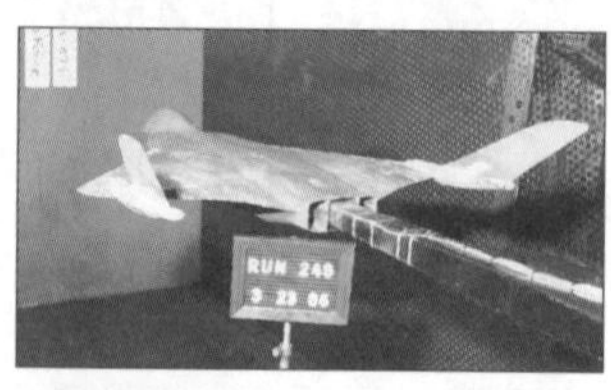

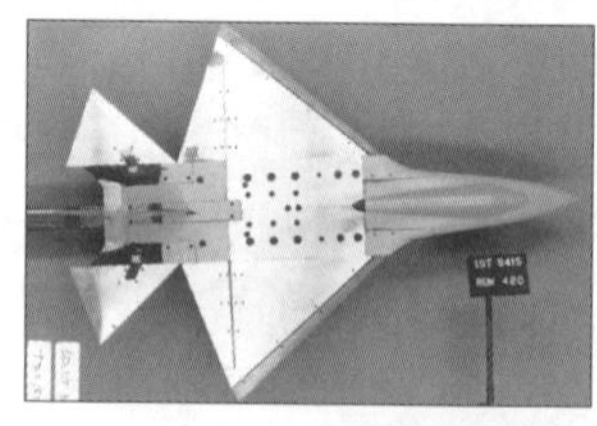

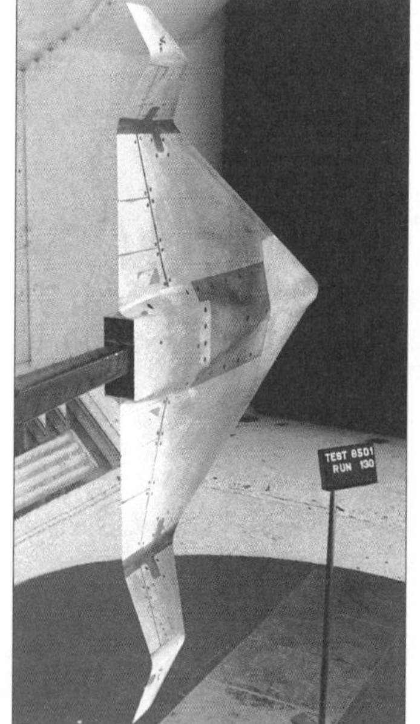

代戰術戰鬥機的新技術。雖然緩慢，但可以肯定的是，「空中優勢」逐漸成為新型戰鬥機的主要研發動力。

各種研究的結果為空軍提供了選擇：是研發對地打擊戰鬥機還是空中優勢戰鬥機？是讓作戰飛機各專所長，或對地或制空，還是研製一種可以勝任各種任務的飛機？

1981年5月21日，空軍發佈了《先進戰術戰鬥機（ATF）設計資訊徵求書（RFI）》。這份設計資訊徵求書被分發到9家公司：波音公司、仙童公司、通用動力公司、格魯曼公司、洛克希德·馬丁公司、麥道公司、諾思羅普公司、羅克韋爾國際公司、沃特公司。空軍要求這些公司提交概念設計，並就各種技術操作問題起草立場書。由政府對各公司的設計和立場書進行評估。在技術設計上，要求飛機具備20世紀90年代的初始作戰能力（IOC）。在成本估算

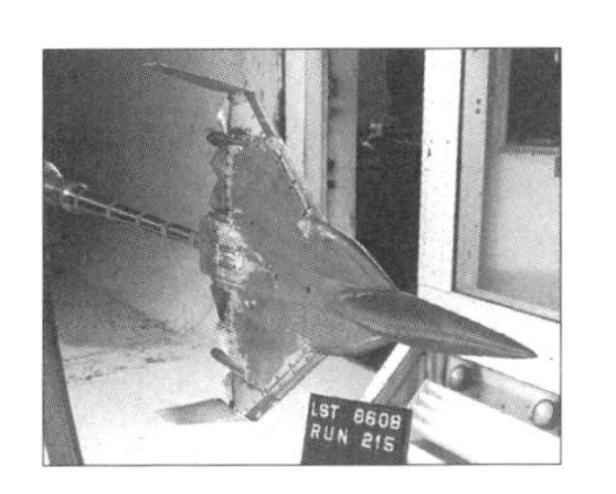

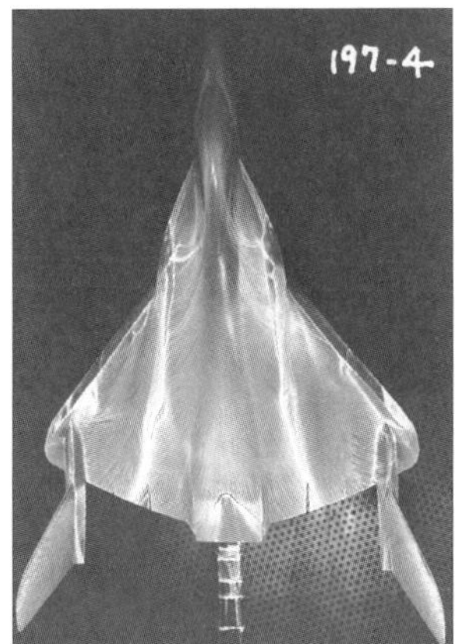

上，可能的生產量為120架、500架或1 000架飛機。

接下來的一個月，空軍又發佈了《先進戰術戰鬥機引擎設計資訊徵求書》，要求新型戰鬥機應具備不使用加力的超音速續航能力（超級巡航），1 500英尺（約合450米）短程起降能力（STOL），整合低可見性技術，削減購置成本，並具備1993年的初始作戰能力（IOC）。

徵求資訊階段原計劃在9個月內完成，包括中期階段和結束階段。在結束階段，各飛機製造商提交最終報告文件。政府對最終報告進行審查，並在接到報告的60天內對公司進行回饋。

雖然在徵求資訊階段開始時，空對空作戰和空對地作戰具有平等地位。但到1982年，取得空中優勢已經成為先進戰術戰鬥機的首要任務。這一改變，源於空軍認識到空對地作戰飛機無法完成空對空作戰任務，而空對空作戰飛機卻可以輕易地完成空對地作戰任務。

同時，可能也是最重要的決定因素，偵察衛星在小城朱可夫斯基（莫斯科東南大約40英里）郊外的羅明斯克試飛中心拍到了幾架原型機的照片，即米格-29（米高揚設計局，9-01）和蘇-27（蘇霍伊設計局，T-10）。作為前蘇聯的新一代戰鬥機，這些飛機的性能要遠遠先進於美國情報機關之前所瞭解的情況。

很明顯，當時空軍的全部心思就是研發一種能夠對抗蘇聯新型飛機的空對空作戰平臺。雖然，對於新型戰鬥機的改型，早在1979年末就開始了，但因為這次嚴重的空中危機，才使改型被空軍所接受。從這以後，對於先進戰術戰鬥機而言，空對地作戰性能再也無法和空對空作戰性能相提並論了。

1981年11月23日，空軍發佈了「0號里程碑」批准令，將ATF專案列為武器系統正式採購專案（ATF項目轉入「O階段」，或稱為概念研究階段）。不幸的是，第二年，政府暫時否決了專案資金，將初始概念定義活動延後，後又因FY83項目恢復。

當時，許多可用在戰鬥機上的新技術已經相當成熟，如複合材料、輕型合金、先進戰鬥機控制系統、電子設備配件、推進系統升級以及低可見性（隱形）能力。

同時，在空軍計畫中，當先進戰術戰鬥機正式裝備部隊時，現役空軍和海軍戰鬥機將逐漸退役。這些飛機包括麥道公司的F-15「鷹」式戰鬥機、通用動力公司F-16「戰隼」戰鬥機、格魯曼公司的F-14「雄貓」戰鬥機、麥道公司的F/A-18「大黃蜂」戰鬥攻擊機。

無論如何，在11月的評估結束後，空軍發佈了一份詳細的需求定義和操作原則。其中強調：「先進戰術戰鬥機項目體系，在於將空對地及空對空作戰備選飛機，在不缺少必備條件的情況下，發展至工程開發階段。當需要做出威脅推動型開發決定時，採購週期中成本相對較低但比較費時的初始階段（第二重大階段之前）即告完成。此種途徑避免了因為對某一任務項目領域過早投入而影響其他專案進展的情況發生。

「……此項目明顯屬於威脅和成本推動型。儘管未來的敵對威脅存在不確定性，但在需要做出某個威脅推動型開發決定前，我們必須做好技術準備。同樣，我們必須全面考慮成本折中方案。我們必須認識到，我們需要放棄什麼，才能換來每一點戰鬥性能的提高。本項目體系，將為這些問題找到答案。」同時，ATF項目被劃分為多個重要階段，以便為將來提供發展模型：從1987年開始為全尺寸開發（FSD）階段。在1993年到1994年期間，新型飛機將具備初始作戰能力。此外，不管最終定型的飛機是地面攻擊機還是空中優勢戰鬥機，都會裝備同樣的新技術，在同一批（可摧毀）基地中服役，最終應對高威脅性的環境。事實上，當先進戰術戰鬥機的實際設計參數定型時，正是這些檔最終提供了重要的研發導向。

儘管在1980年，美國的主要威脅來自歐洲的華約組織，但讓人感到有趣的是，計畫中的先進戰術戰鬥機有著相當廣闊的有效作戰範圍，可以覆蓋全球

上圖：通用動力公司在模型展示階段的各種ATF設計。通用動力公司通過對各種設計的取長補短，確定了最終ATF設計架構。反過來，1992年洛克希德公司兼併通用動力公司後，兩家公司的設計也是互取所長，融為一體，這樣才誕生了我們今天所看到的F/A–22A。

除華約以外的其他熱點地區，而最顯著的地區正是中東。

設計資訊徵求書（RFI）的許多回饋都提到多用途作戰飛機，但徵求資訊階段的結論仍清楚地將需求重點放在空中優勢戰鬥機上，特別用於替代麥道公司（現被波音公司兼併）的F-15戰鬥機，並有能力應對預測在21世紀初可能出現的重大威脅。

1982年8月24日，空軍發佈了專案管理指示，更改了專案構成要素名稱，由作戰飛機技術改為先進戰術戰鬥機。同時，在這一項目名稱下分別建立兩個子項目：「先進戰術戰鬥機概念和技術開發」以及「聯合戰鬥機引擎」。其中，7家飛機製造公司——波音公司、通用動力公司、格魯曼公司、洛克希德・馬丁公司、麥道公司、諾斯羅普公司、羅克韋爾國際公司，各得到100萬美元的概念發展研究合同。而作為一個引擎技術論證專案，聯合戰鬥機引擎專案由空軍和海軍共同管理。1983年9月，普惠公司和通用電氣公司各得到價值2.02億美元的合同，同時參與競標的還有艾裡遜公司（Allison）、蓋瑞特公司（Garrett）和特裡達因CAE分公司（Teledyne/CAE）。

7家參與競爭的飛機製造公司，共提交了大約19份概念設計。從諾斯羅普公司的輕型「協同戰鬥機」（小於F-16戰鬥機）到洛克希德公司的「戰鬥巡航者」（基於曇花一現的YF-12A遠距離截擊機設計）。此外，空軍飛行動力實驗室（AFFDL）也提交了一份內部設計—— 一種亞音速隱形戰鬥機。

最後，空軍在19份提交的方案中，選出四個代表不同作戰原則的方案：一個超輕型的樸素的低成本設計；一個超音速巡航及高機動性設計；一個亞音速隱形設計；一個超高速、超高空設計。

通過這些方案，空軍認識到，一個理想的空對空作戰平臺應具備低可見性、超級巡航能力和高機動性。

這種空中作戰平臺將更有效地對抗地空導彈的威脅，並基本避免敵防空炮火和其他短程火力的打擊。

而各類必需的技術改進，是保障完成先進戰術戰鬥機各項性能研製目標的基礎。這些改進包括：更高的引擎推重比，超級巡航能力，適當的機身規格，能夠容納各類武器、燃料和其他系統，並且符合低可見性的參數要求；武器/飛機一體化設計；複合材料的開發和使用。其他較次要的技術還包括：先進雷達系統；先進空對空火控系統；符合低可見性要求的航空電子設備集成以及機載電子設備系統。

設計資訊徵求書（RFI）的最終彙報檔於1982年12月完成，其中包括空軍對各飛機製造商提交的設計概念的分析。至此，空軍已對先進戰術戰鬥機的重要研製方向作出決定。

年底前，用於先進戰術戰鬥機項目的第一筆資金——2 300萬美元，已由國會撥付到位。1983年5月18日，空軍將「最終」《設計提案徵求書（RFP）》發至各飛機製造商。同月，一份引擎設計提案徵求書也發至艾裡遜公司、通用電氣公司和普惠公司。

在這份設計提案徵求書中，低可見性已經逐漸成為先進戰術戰鬥機的一個重要研究方向，並開始進入公眾視野，被廣泛稱為隱形技術。1983年5月26日，空軍在發佈的《對ATF設計提案徵求書的補充》中進一步強調低可見性的重要性。這讓洛克希德公司和諾斯羅普公司占了大便宜，因為這兩家公司已經在其他飛機上進行過低可見性的嘗試。兩家公司都認為，這一技術是可行的，而且對於先進戰術戰鬥機來說，是適時的技術。

有趣的是，當時這種把低可見性整合並應用在先進戰術戰鬥機的基本設計上的想法，讓F/A-22A大為獲益。雖然當時這種技術仍在萌芽階段，但如果把它應用在飛機上，會對飛機的各個方面都產生影響。其中最重要的影響是氣動外型和尾部噴口的設計以及雷達架構。其中，尾部噴口的設計是一個主要難點。讓尾部噴口符合隱形要求，在當時是一門複雜的甚至是不可思議的技術。隱形尾部噴口的效率如此低下，以致整個飛機的性能都會受到直接影響。

1983年，在航空系統部的主持下，成立了先進戰術戰鬥機系統專案辦公室（SPO）。該辦公室位於俄亥俄州的萊特・派特森空軍基地，由亞伯特・皮西里諾上校任主管。

1983年9月，空軍與7家有能力開發先進戰術戰鬥機規範的公司簽訂了概念定義合同。到1984年底，空軍再次發佈4份初始意見草案，其中規定先進戰術戰鬥機性能要求的基本框架為：大約800英里（約合1 280千米）作戰半徑，1.4~1.5馬赫超音速巡航能力，2 000英尺（約合600米）起落距離，總起飛重量為50 000磅（約合22.7噸），單位造價不高於4 000萬美元（按1985年美元市值計算）。重要的是，在這些意見中，空軍暗示先進戰術戰鬥機的全壽命期費用（LCC，即飛機單位出廠價，加上所有配件、燃料、維護和飛行的費用）應低於（或至少等於）麥道公司的F-15戰鬥機。

空軍計畫共生產750架先進戰術戰

上圖：洛克希德・馬丁公司參與論證/定型階段設計競標的四個設計。其中，右下角的設計在競標中最後勝出。

鬥機，生產峰值速度為每年72架。而麥道公司的F-15戰鬥機的生產峰值從未超過每年42架，因此，先進戰術戰鬥機的計畫生產速度如此高，被認為是無法完成的，而遭到了嚴重質疑。

概念定義合同在1984年的5月間完成。一些參與競標的公司在按慣例進行的篩選過程中被淘汰了。有人提議，在剩下的競標者中選擇兩種原型機設計進行試飛。

1985年9月，空軍發佈了一份正式的《ATF設計提案徵求書》，並定於1986年1月為最後遞交設計提案的日子。這份設計提案徵求書在同年10月7日被批准，並在次日轉發至7家飛機製造商。與《設計提案徵求書（草案）》略有不同的是，這份設計提案徵求書中，將單位造價由4 000萬美元減至3 500萬美元。這是根據650億美元的總項目成本和750架的定購數量計算得來的，其中包括全尺寸開發階段的費用（很快被改稱為工程與製造開發階段，EMD）。後來，空軍考慮到原定1月份的時限過緊，因此將設計提案的上交期限延後到4月。同時，海軍迫於國會的巨大壓力，宣佈將考慮在20世紀末由海軍先進戰術戰鬥機（NATF）來替代格魯曼公司的F-14戰鬥機。

這份設計提案徵求書也對原型機的論證/定型階段（Dem/Val）進行了首次展望。在這一階段，將進行原型機的製造和測試。

由初始研究階段所確定的真正具有飛行價值的原型機，將在相對較低的成本下，開發全尺寸/小尺寸模型，供風洞測試、雷達散射截面（RCS）計算、航空電子設備開發以及各子系統測試。

全尺寸原型機飛行測試項目本將耗費巨額資金。但在計算流體力學（CFD，用於極精確地計算模擬件風洞測試結果）、雷達散射截面和子系統測試中科

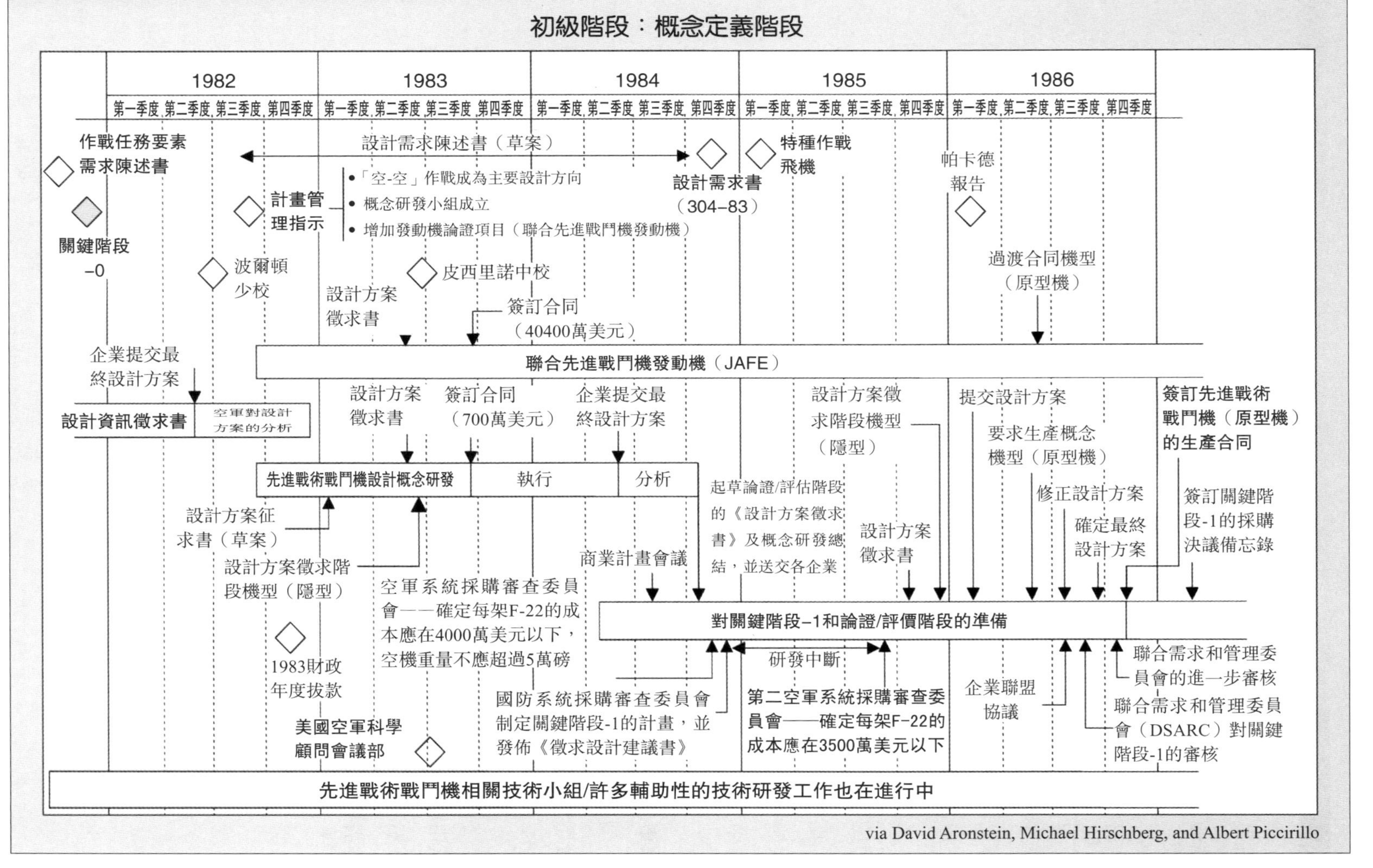

上圖：概念定義階段：通過這張概念定義表可以清楚地看到研發ATF的決策過程。正是這一決策，才有了以後的原型機生產，以及論證/定型階段的試飛。

研人員的藝術家般的能力，加上先進電腦的配合，極大節省了測試成本。

自1983年開始的概念考察階段，共有波音公司、通用動力公司、格魯曼公司、洛克希德公司、麥道公司、諾斯羅普公司和洛克韋爾國際公司參與。此階段於1986年10月31日結束。空軍簽訂了原型機合同。其中，格魯曼公司（以生產海軍產品聞名，並因此具有相當冒險的政治目標）和洛克韋爾國際公司（正專心發展B-1B項目）都無法為此次競標提供必要的人力準備，因此在競爭中失利。

1986年5月，空軍部長愛德華・奧爾德里奇宣佈了原設計提案徵求書中的一個重大變化。空軍不再滿足於在論證/定型階段對原始概念僅進行紙面研究，從而完成先進戰術戰鬥機的最終定型，而是增加了原型機的試飛測試。測試中將選取兩種最可取的、但設計理念截然不同的原型機進行試飛。競標公司各需要研製兩架原型機，每架原架機裝配來自不同引擎製造商的競標引擎。

各競標公司被告知：

- 論證/定型階段將選用最佳飛行原型機和最佳機載電子設備原型系統；
- 僅選擇兩家公司參與論證/定型階段；
- 鼓勵公司間進行團隊合作；
- 應提交成本提案；
- 各競標公司應說明如何在預算範圍內，實行科學管理和全面品質管制，以保證在論證/定型的後續階段中減少風險；
- 應提交資金預算。

儘管進行飛行測試會大幅度提高項目成本，但通過實機的製造和試飛（在《設計提案徵求書（修訂稿）》的指導下），能夠更準確地評估各關鍵領域的性能，比如低可見性技術及其他基本性能指標。所以，先期成本雖然增加了，但長期經濟角度上的合理性幾乎是肯定的。

本頁圖：波音公司參與ATF論證/定型階段的設計模型多角度視圖。突出的進氣道設計招來許多對這項設計的隱形性能的質疑。

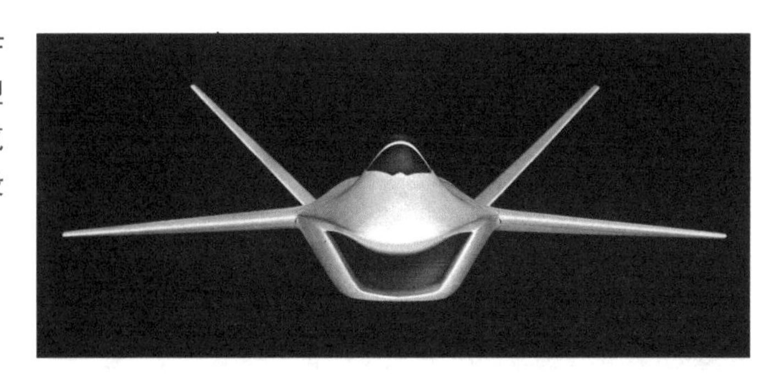

本頁圖：通用動力公司的三角翼ATF設計，延續了該公司長期無水準尾翼架構的設計傳統。

左兩圖：洛克希德．馬丁公司參與ATF論證/定型階段的設計模型視圖。明顯可以看出，其設計重點在於符合嚴格的雷達散射截面（隱形）要求。在這個模型上的很多設計特徵，都能在以後的YF-22A和F/A-22A上看到。

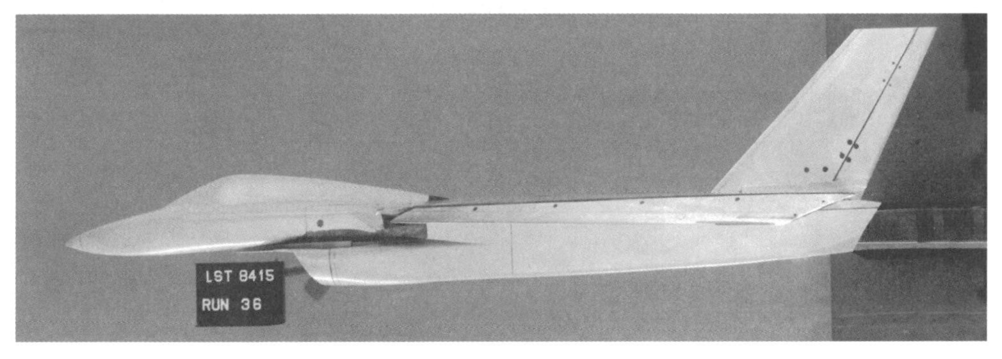

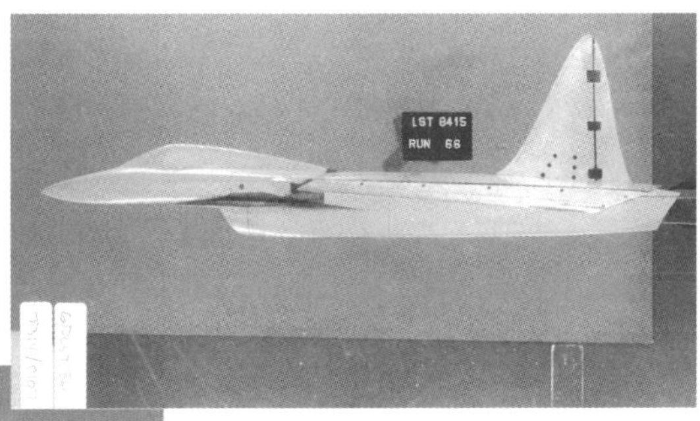

上圖及右圖：通用動力公司ATF小組的兩份早期架構研究作品，均未使用成熟的垂直尾翼架構。

左圖：在德克薩斯州洛克希德．馬丁公司的沃思堡製造中心，YF-22A（N22YF）的中部機身正在被裝上一架C-5B運輸機，軍用編號為87-038。

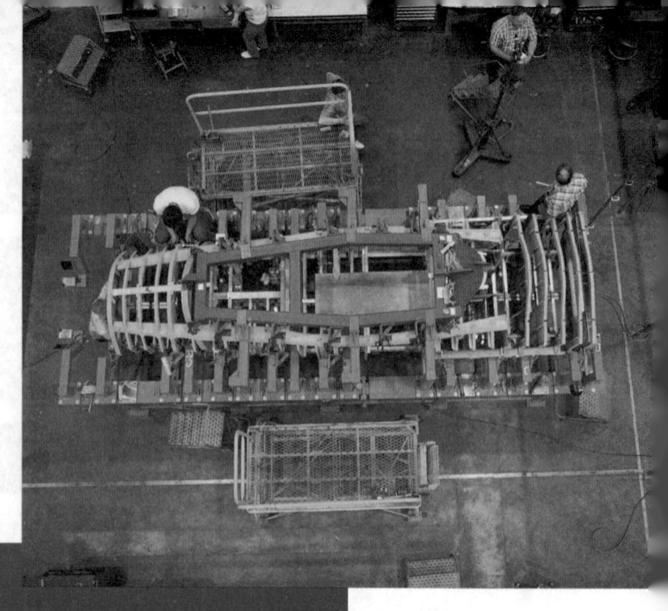

右圖：在帕姆代爾製造中心，工人們正在對第一架YF-22A（N22YF）的前部機身進行組裝。

左圖：YF-22A（N22YF）在1990年的公開展出前。

下兩圖：第一架YF-22A（N22YF）在論證/定型階段結束後，正準備前往俄亥俄州的萊特・派特森空軍基地的美國空軍博物館。

2 發展階段

The Development of Dem/Val

1986年7月28日，剩下的5家競標公司提交了各自的設計提案。在接下來的12周裡，航空系統部對這些提案進行了相當細緻的分析。分析的結論是洛克希德公司和諾斯羅普公司的設計優於其他公司。但航空系統部也發現，在其他三家公司的設計中也存在獨到的優點，可作為另外兩個設計的補充。

同時，5家競標公司迫於國家經濟現狀和國防部的壓力，正在選擇合作夥伴組成競標集團，以確保至少能在650億美元的「大蛋糕」中分得一杯羹。在先進戰術戰鬥機的早期設計審查過程中，洛克希德公司的初始設計提案被認為是最優秀的。這家公司早在1986年6月就與波音公司和通用動力公司展開合作談判（到7月2日談判才公開）。但是直到10月13日，三家公司才形成一份合作協定。接著，洛克希德公司任命謝爾曼・瑪林擔任ATF合作專案組辦公室的總經理。在合作專案中，洛克希德公司承擔「主承包人」角色，並借此利用波

上圖：YF-22A高速風洞模型。

音公司和通用動力公司的獨有技術。兩周後，諾斯羅普公司與麥道公司結成合作集團，由諾斯羅普公司任主承包人。

作為對結成合作集團的反應，7家機身製造商于1986年7月28日遞交了建議提案（修正稿）。實際上，雖然這些修正稿是以兩個合作集團的名義進行提交的，但卻代表了至少5家主要飛機製造商的立場。

下圖：YF-22A高速風洞模型，配備了武器艙和AIM-120/AIM-9導彈模型。

因此，在各公司代表未到場的情況下，空軍在1986年10月31日宣佈，由兩個合作集團各製造兩架原型機。兩種原型機將在論證/定型階段（含試飛）中展開競爭。以洛克希德公司為主的合作集團，得到了6.91億美元的合同，將生產兩架1132型原型機（早期被稱為092架構原型機），官方名稱YF-22。諾斯羅普公司，得到了一份相似的6.91億美元的合同，將生產兩架N-14型原型機，官方名稱YF-23。這些設計要求在「航空器設計系統修訂稿（國防部指示4120.15，由國防部在1962年9月18日發佈）」的指導下進行。

在每份6.91億美元的論證/定型合同中，有大約1億美元將用於雷達和電子光學感測器，2億美元用於航空電子設備體系和集成，其他資金將用於機身和其他各類功能設備。引擎生產廠家則採用直接撥款的方式。兩家引擎製造公司各得到了額外的6.5億美元撥款。

這些原型機的所有權和使用權屬於各自的公司，所以稍後對其進行了民事註冊。洛克希德集團的兩架YF-22A原型機的註冊編號分別為N22YF（使用通用動力公司的YF120-GE-100引擎）和N22YX（使用普惠公司的YF119-PW-100引擎，稍後這架飛機的軍用序號是87-701）。這兩架原型機後來移交至軍方，以解決稅務及操作問題。諾斯羅普集團的兩架YF-23A，註冊號碼分別為N231YF（使用普惠YF119-PW-100引擎）及N232YF（使用通用電氣YF120-GE-100引擎）。諾斯羅普的原型機也被指定軍用編號，N231YF原型機的編號為87-800，N232YF原型機的編號為87-801。

上圖：YF-22A全尺寸單極模型，位於加州洛克希德・馬丁公司的海倫代爾雷達散射截面測試場。

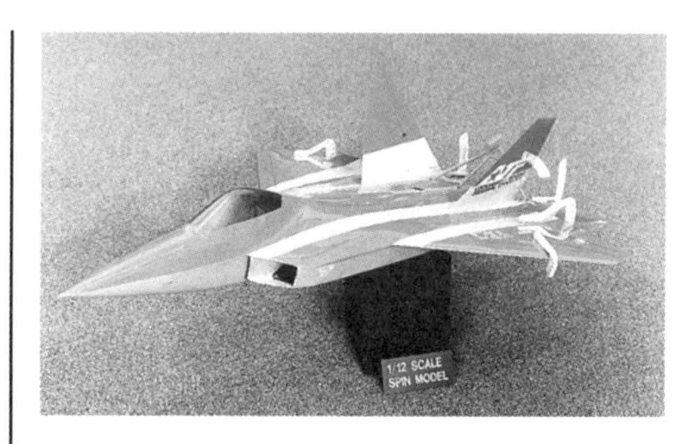

上圖：1/12規格的YF-22A風洞模型。

最初的研發計畫要求在1989年末原型機的首次試飛中使用空中測試平臺（大型機）。在1990年夏末，開始全尺寸開發的設計提案徵集階段，並在1990年末，確定全尺寸開發（也稱為EMD）的機型。

有趣的是，人們注意到，洛克希德公司在設計資訊徵求階段的最初設計，像是一個放大並加長的F-117戰鬥機，配備了高位機翼（F-117的機翼安裝在低位），四尾翼面，下置進氣口在機翼前緣的後方。同F-117相似，這些設計（有些重達80 000磅，約合36.3噸）也採用多面體結構，並配備第二代隱形技術。

推力系統的競爭則在普惠公司和通用電氣公司之間展開。在1983年

本頁圖：1990年，在加州，裝配通用電氣公司原型引擎的YF-22A（N22YF）在洛克希德・馬丁公司的帕姆代爾製造中心進行公開展出前。

5月發佈給引擎製造商的設計提案徵求書中，先使用「先進戰鬥機引擎」（AFE）一詞，其後改稱為「聯合先進戰鬥機引擎」（JAFE），要求的引擎推力範圍為30 000磅（約合13 620千克）。同年9月，兩家公司都接到了5.50億美元的合同，用於原型引擎的製造和靜態測試。通用電氣公司的引擎，內部名稱為GE37，普惠公司的則為PW5000，稍後，由空軍正式命名為F120和F119。

1986年，最初的基本飛行評級測試（PFRT）和加速任務測試（AMT）使用的是非適航型引擎原型。兩年後，第一台具備飛行條件的引擎原型通過實驗台測試。

當空軍做出研發兩種原型機的決定時，也將論證/定型階段（各公司的設計提案已於1986年2月18日提交）的重點確定為：降低研發風險並驗證專案所需的各項先進技術，判斷各項技術是否可行且實用，以及能否順利進入工程開發階段。

在論證/定型階段計畫（修正稿）中，獲勝的競標公司將各製造兩架「最優質」的概念驗證原型機，並分別安裝來自兩家競標公司的引擎。這些原型機將不用於直接競爭性的試飛，也不用於驗證各項性能是否達標，而是用於論證兩家公司的概念設計是否基本可行。所以，兩家公司在決定各自的飛行測試計畫時，可以發揮最大的靈活性。

論證/定型階段由三個主要元素組成：

（1）系統規範開發。使用了效率分析、設計行業研究、測試、模擬、技術評價及其他方式，以優化武器系統特性和操縱性能指標。

（2）航空電子設備原型。用於驗證全一體式航空電子體系的可完成性。首先是一系列地面驗證測試。洛克希德集團在1988年10月第一次進行地面機載電子設備原形（AGP）驗證，諾斯羅普集團也幾乎同時開始了驗證工作。驗證項目包括：飛行員即時控制多感應器綜合資料，600 000行Ada軟體代碼（由美國國防部使用通用軟體工具編寫），以及一個比當時美國空中優勢戰鬥機電腦核心快100倍的新型核心，一套全一體式先進航空電子體系，自我診斷與錯誤隔離，系統重置。其後，作為空中電子設備測試實驗室，洛克希德集團的波音757原型機（N757A）於1989年7月17日進行首次測試；諾斯羅普集團的BAC-111原型機（N162W，經改裝）於同日也進行了首次測試。

在1990年，兩個集團都使用航空電子設備測試平臺，進行了大約100小

上圖：1990年8月29日，裝備通用電氣公司原型引擎的YF-22A（N22YF）在加州帕姆代爾製造中心的展出儀式上。

時的飛行測試。這些測試驗證了多元感測器發現特定目標並在飛行員視屏上顯示相應信號的可靠性和穩定性。洛克希德集團的波音757空中測試平臺在1990年4月18日進行了首次飛行測試。整個飛行測試為期4個月。傳感設備的測試物件包括：德克薩斯儀錶公司/西屋公司的活動陣列雷達，TRWCNI系統，洛克希德・桑德爾公司/通用電氣公司的電子戰系統，通用電氣公司的紅外搜索和跟蹤系統。

諾斯羅普集團也驗證了一套活動電子掃描天線、全方位導彈發射/發現/跟蹤性能以及一套圖像化的紅外搜索與跟蹤系統。

兩個合作集團對於每個傳感設備的安裝性能、一體化航空電子體系、作戰航空電子傳感設備管理及傳感設備追蹤一體化功能，都進行了完整、徹底的測試。其中幾次測試是針對各種機會目標進行的，包括商用目標、軍事目標及通用航空目標。

另外，值得注意的是，先進戰術戰鬥機航空電子設備的原型測試，是Ada程式碼在當時的最大規模應用。作為一種電腦程式設計語言，人們一直質疑：Ada代碼是否適用於戰鬥機機載電子設備的程式設計？直到這一項目成功進行，人們才消除了所有的疑慮，證明了它對於戰鬥機電子設備的適用性。

（3）YF-22A/YF-23A原型機，用於驗證設計性能。驗證結果將作為將來工程開發階段中F-22/F-23設計的基礎。

在洛克希德-波音-通用動力合作集團中，每家公司都具備重要而適用的工作經驗：洛克希德公司的經驗來自研製F-117A隱形戰鬥機的過程。而波音公司的長處在於軍用航空電子設備的研製/集成以及先進材料的開發。通用動力公司的設計師和工人們設計和生產了F-16戰鬥機和先進自動駕駛控制系統。

諾斯羅普公司和麥道公司同樣也是生產軍用飛機的名家：諾斯羅普公司精於低可見性技術、輕型戰鬥機設計和先進材料技術，在研製F-5「自由」戰鬥機、F-20「虎鯊」戰鬥機的過程中積累了大量研發資料和經驗。麥道公司在從XP-67到F-15這條戰鬥機研製/生產的道路上，也獲取了大量的戰鬥機研製經驗。

各合作公司之間的總體分工根據的是各項工作的合同價值，而不是工時衡量公式等。簡單地說，洛克希德集團把整個專案分成三份，而諾思羅普集團則分成兩份。這種安排讓各個公司的任務都不輕鬆，因為各項工作之間的協調是相當複雜的。

洛克希德公司負責武器系統、航空電子系統設計集成、機身前部（包括駕駛室和進氣道）、機翼前緣襟翼和翼梢、垂直尾翼前緣與翼梢、水準尾翼外緣以及整機組裝。

波音公司負責機翼、後部機身以及動力系統整合。通用動力公司負責中部機身、尾翼、大多數子系統、火控系統、起落架、飛機管理系統集成（包括飛行控制系統）。

YF-22A的主要轉包商包括650家公司，分佈在32個州。其中最重要的轉包商包括：

洛克希德公司：休斯雷達系統集團（加州的洛杉磯市），負責通用集成處理器（CIP）；哈裡斯公司政府航空系統部（佛羅里達州的墨爾本市），負責光纖網路接口元件（FNIU）、航空電子總線接口（ABI）和光纖總線元件；仙童防務設備公司（馬里蘭州的日爾曼敦市），負責資料傳輸元件中的大量存放區；GEC航空電子設備公司（喬治亞州的亞特蘭大市），負責抬頭顯示裝置（HUD）；洛克希德・桑德爾航空電子部（新罕布什爾州的納什維爾市），負責控制和顯示裝置，影像處理器視頻界面（GPVII）；愷撒電氣公司（加州的聖約瑟市），負責專案未知；洛克希德・桑德爾資訊系統部（新罕布什爾州的梅裡馬克市），負責作戰計畫設備；洛克希德・桑德爾防務系統部（新罕布什爾州的梅裡馬克市），負責通用自動測試系統（CATS）；數位設備公司（新罕布什爾州的梅裡馬

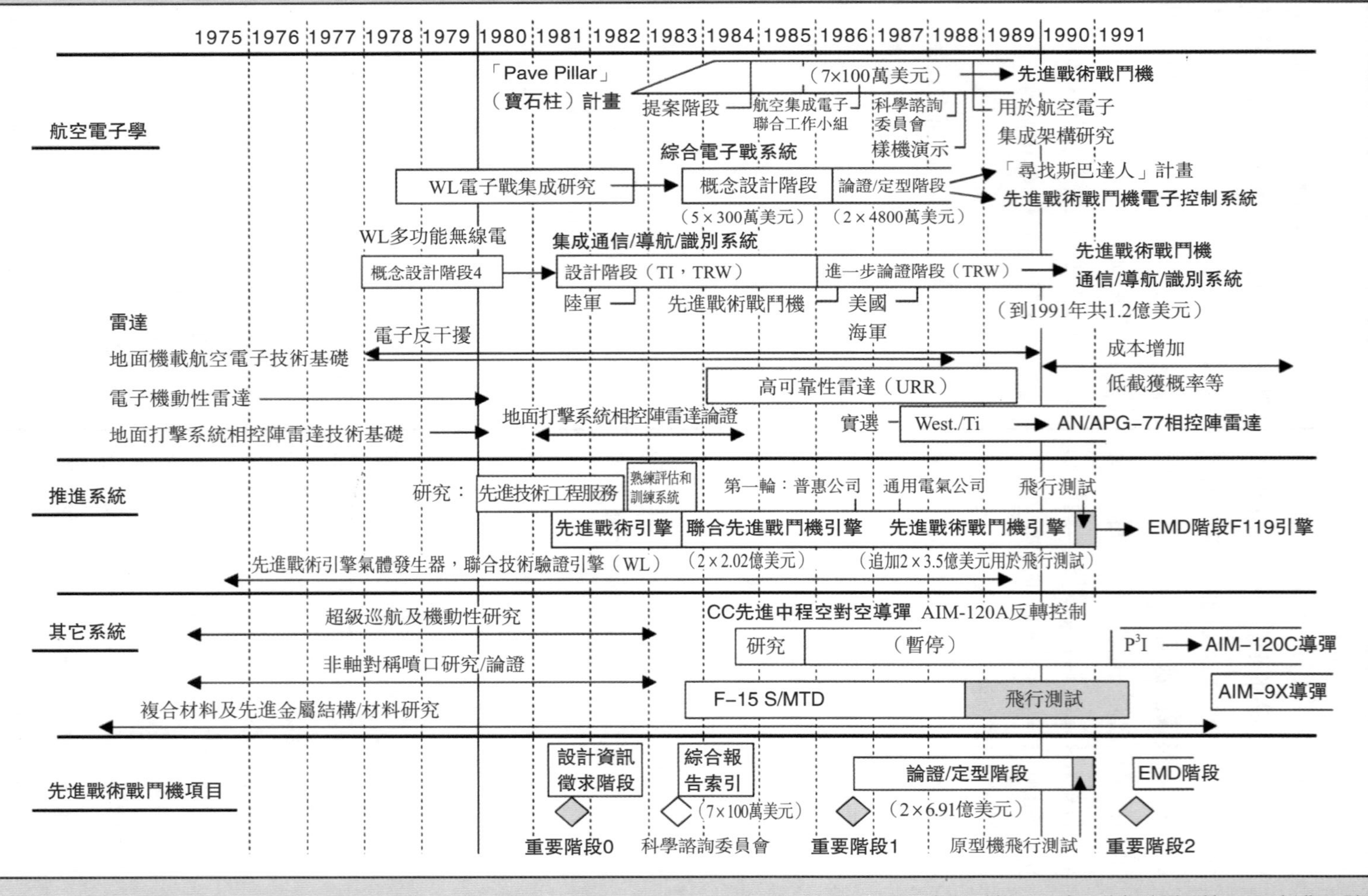

via David Aronstein, Michael Hirschberg, and Albert Piccirillo

克市），負責系統/軟體重構環境（S/SEE）。

波音公司：西屋電氣公司（馬里蘭州的巴爾的摩市）及德克薩斯儀器儀錶公司防務設備部及電氣小組（德克薩斯州的達拉斯市），負責雷達設備；吉德・格蘭溫有限公司（英國斯勞市），負責火力延遲設備。

通用動力公司：羅斯蒙特公司航空部，負責飛行資料探測器；聯合信號航空設備公司（邦迪克斯市）及艾雷塞齊公司洛杉磯部（印第安那州的南本德市），負責機輪和剎車；庫爾提斯・萊特飛行系統（新澤西州的費爾菲爾德市），負責前緣襟翼的驅動系統，以及側艙門、武器艙門的驅動系統；多蒂・達科克公司（華盛頓州的雅基馬市），負責液壓傳動裝置；EDO公司政府系統部（紐約州大學城），負責導彈發射裝置；李爾航太公司（加州的聖莫尼卡市），負責飛行器管理系統模組；國家普紐莫揚水器公司（密歇根州的卡拉馬祖市），負責飛行控制傳動裝置；派克・漢尼芬公司的派克・伯蒂航空設備小組（加州的歐文市），負責飛行控制傳動裝置配液箱；西蒙精確公司（佛特蒙州的沃津市），負責燃料管理系統；斯塔雷工程公司（加州的洛杉磯市），負責前輪轉向裝置；TRW航空電子&監測設備集團軍事電子航空設備部（加州的聖地牙哥市），負責通訊和導航設備；XAR公司（加州工業城），負責空中加油插座；摩托羅拉公司（亞利桑那州的斯科迪斯德市），負責電腦安全（KOV-5）；聯合技術公司漢密爾頓標準部（康奈提格州的溫莎洛克斯市），負責環境控制系統

下圖：在洛克希德・馬丁公司的帕姆代爾製造中心，YF-22A（N22YF）進行跑道滑行測試。

（ECS）；桑德爾/通用電氣合資企業（新罕布什爾州的納舒厄市），負責電子戰設備；德克薩斯儀錶公司防務系統與電子設備部（德克薩斯州的達拉斯市），負責飛行器管理系統核心設備；瑪納斯庫公司航空設備部（德克薩斯州的沃思堡），負責前/主起落架。

諾斯羅普公司與麥道公司的分工是相當不同的，主要因為兩家公司都有能力獨立完成接下來的全部工作。所以，諾斯羅普公司負責大部分設計和工程工作、總系統集成、整機組裝、後部分機身及尾翼，以及防禦性機載電子設備以及飛行控制系統集成。

麥道公司負責前部和中部機身、起落架、機翼、燃料系統、武器及火控系統、攻擊性機載電子設備、控制系統以及座艙中的顯示裝置。座艙的其他設備以及人/機接口由雙方共同完成。

當洛克希德和諾斯羅普集團的原型機準備正式展出的時候，原定的50 000磅（約合22.7噸）的總重量限制早已被有點無奈地越過，而更實際的55 000磅（約合25噸）成為新的設計要求。重量的變化引發了不少設計上的修改，反過來又讓原定時間表出現了延誤。

對於洛克希德/波音/通用動力集團，由於額外的研發困難，使用了菱形翼平面（原為通用動力公司在論證/定型階段的設計提案）作為早期後掠梯形翼面設計的補充。此外，還大幅度地縮小機身前部平面面積，以提高低速大攻角俯仰力矩。為了達到攻角機動性能要求，讓飛機達到最佳飛行品質，研發團隊進行了大量風洞測試，以優化機頭和垂直尾翼的設計。

對於洛克希德和諾斯羅普兩個集團來說，可能此時最重要的設計改進就是不再使用引擎反推力裝置。早在先進戰術戰鬥機的設計提案徵求階段，合作集團各成員公司就已經使用F-15短距起降/機動技術驗證機（S/MTD）進行了大量詳細的靜態原型測試。測試後的一致意見是，飛機的性能會受到重量、維護和成本因素的影響。最重要的是，通過在全尺寸測試臺上的研究，人們發現當使用反推力裝置時，廢氣排流會對飛行方向的穩定性產生有害影響，從而為設計工作提出了嚴峻的難題。此外，儘管沒有被廣泛承認，但一些設計人員認為：低可見性的要求讓廢氣排口的「隱形」遮蔽設計困難重重，而使用反推力裝置會讓這些困難雪上加霜。

這些困難會導致必然的設計修改，從而影響先進戰術戰鬥機的整個生產時間表。而設計要求這些推力反向器必須能夠在先進戰術戰鬥機的各種飛行狀態下正確運轉，所以也不能通過對現有反向器技術的簡單擴展來實現這一設計目標。同時，對於先進戰術戰鬥機——這種高可靠性和高性能的戰鬥機來說，帶來未知影響的推力反向器順理成章地成為它的一種主要技術風險。

這時，先進戰術戰鬥機項目的負責人已更換為詹姆斯・芬準將。他一上任，就很快提高了項目的安全保密限制。因此，直到1990年首次公開展出之前，公眾都對這些原型機知之甚少。在此期間，兩個競標集團的開發和生產工作都集中在三個主要工作組：機載設備地面原形（AGP）小組，如前面所說，為所有的機載電子設備、感測器、駕駛艙顯示裝置提供了靜態測試平臺。系統規範開發小組，制定雷達散射截面（RCS）、材料、維護要求，進行模擬作戰任務研究。飛行器原型小組，進行原型機的生產和飛行測試。

諾斯羅普集團的原型機將在霍索恩製作中心（加州）進行組裝，並運到愛德華空軍基地進行公開展出和首次靜態試驗。洛克希德集團的飛機則在帕姆代爾製造中心（「臭鼬」工廠）進行組裝，同樣運到愛德華空軍基地展出和進行靜態試驗。

最初的論證/定型時間表要求先進戰術戰鬥機的原型設計工作應於1987年中期定型。但到1987年7月，洛克希德集團認為其「最終」設計在技術和競爭優勢上仍不能讓人滿意。因此，在7月13日，新的一輪設計工作開始了。經過3個月非常高強度的突擊工作，人們選定了一個新的設計結構（1132）。在同年12月，空軍把原來要求的2 000英尺（約合600米）起飛距離放寬到3 000英尺（約合900米）。這讓設計人員下決心拆除了所有的引擎反推力裝置。這樣，原型機的重量減輕了，噴口的複雜度降低了，超級巡航能力也提高了。接著，1988年4月，設計人員再次修改了原已定型的「1132」設計架構，以便進一步降低原型機的超音速阻力值。在後來的幾個月中，人們對前部和後部機身進行了重新設計。這一努力被證明是成功的。

同時，早在空軍要求各競標集團生產兩架原型機之前，諾斯羅普集團就對其設計相當滿意。從諾斯羅普集團被空軍正式選中參與驗證/定型階段起，就沒有在技術設計上進行過任何重大改動。它在1987年選定了原型機架構方案。其後，事實上，唯一的設計改變就是去掉了推力反向裝置。但是，相對於對引擎艙後部進行重新設計，諾斯羅普集團更願意在兩架原型機上保留原引擎艙設計。

當洛克希德集團決定採用功能推

上圖：在洛克希德・馬丁公司帕姆代爾製造中心，YF–22A（N22YF）進行YF120引擎的初始靜態引擎試車。

力向量系統時，諾斯羅普集團卻緊緊抱著毫無價值的保守主義不放。推力向量系統僅在YF-22A的每個噴口上增加了30~50磅（約合13.6~22.7千克）的重量，卻可以提供並修正非常大的攻角狀態，提高低速或超音速飛行下的俯仰角速度。而且，儘管在噴口上沒有採用向量差設計（也許何時會安裝在生產/實戰型F/A-22A上的一種選件），但推力向量的使用已經提高了在大攻角下的側滾回應速度和最大橫傾率。這是因為水準尾翼（在副翼和副襟翼的配合下）提供了俯仰和側滾控制，而推力向量提供了額外的俯仰控制手段，從而可以讓水準尾翼對於側滾的控制更加有效。

第一批兩台普惠適航型YF-119引擎分別在1990年6月8日和17日運抵洛克希德公司，並在運到帕姆代爾製造中心後不久，即被安裝於YF-22A（N22YX）原型機上。

值得注意的一點是：由於超音速持航性能是贏得合同的關鍵因素，洛克希德公司將這一指標視為研發工作的重中之重，並在YF-22A原型機風洞測試中花費了大量的時間。

整個風洞測試時間細目如下：

低速穩定性和控制測試——6 715小時；

推進航空動力學測試——5 405小時；

高速阻力/穩定/控制測試——4 000小時；

武器環境/分離測試——700小時；

流場顯示測試——695小時；

飛行資料測試——240小時；

壓力模數（氣動載荷）測試——95小時；

顫振測試——80小時。

風洞測試模型包括：

1/20規格，穩定性和控制測試；

1/25規格，穩定性和控制測試；

1/7規格，自由飛行測試；

1/14規格，大攻角旋轉平衡模型測試；

1/30規格，自由螺旋測試；

1/10規格，進氣道/前部機身相容性測試；

1/7規格，進氣道/前部機身相容性測試；

1/20規格，低速噴氣效率測試；

1/5規格，飛行資料系統校準。

論證/定型合同要求洛克希德集團和諾斯羅普集團使用電腦輔助雷達散射截面預測模型、小尺寸及全尺寸樣機進行雷達截面測試和分析。應在全尺寸高保真度雷達散射截面（RCS）測試模型上使用實機上的雷達散射設計和雷達波吸收材料。雷達散射截面測試中，樣機模型將安裝在一個70英尺（約合21.3米）高的低頻雷達散射截面極點上。測試在空軍雷達目標散射試驗場（新墨西哥州的白沙市）進行。

在此，有必要向讀者介紹一下低可見性（隱形）技術的簡要歷史、工作原理和重要性。以下內容經授權引自阿蘭·布朗的一篇論文。阿蘭·布朗是洛克希德航空系統公司低可見性技術的原負責人，負責低可見性技術的研究（特別是低頻雷達散射截面）。

對於雷達散射截面的研究幾乎自雷達被發明之後就開始了。人類歷史上最早應用「隱形」技術的飛機是全木質的德·哈威蘭「蚊」式戰鬥機。

對於第二次世界大戰中的雷達系統，「蚊」式戰鬥機的「隱形」措施是相當成功的，但時至今日，這些技術已不再適用。首先，覆蓋張性複合材料的膠合木質結構，雖然反射的雷達波要比金屬少，但並不能說在雷達下是「透明」的。其次，「蚊」式飛機「隱形」程度使原本藏在蒙皮下的飛機部件的反射得到增強。這些部件包括引擎、燃料、航空電子設備、電子和液壓迴圈設備，同時人員的雷達反射也被增強。

在20世紀50年代末，雷達波吸收材料被使用在一些原本設計保守的飛機上。這些材料的使用有兩個目的：一是減少飛機的雷達散射截面，以避免特定的威脅；二是在多元天線中進行遮罩，以防止串擾。洛克希德U-2偵察機是這方面的一個典型。

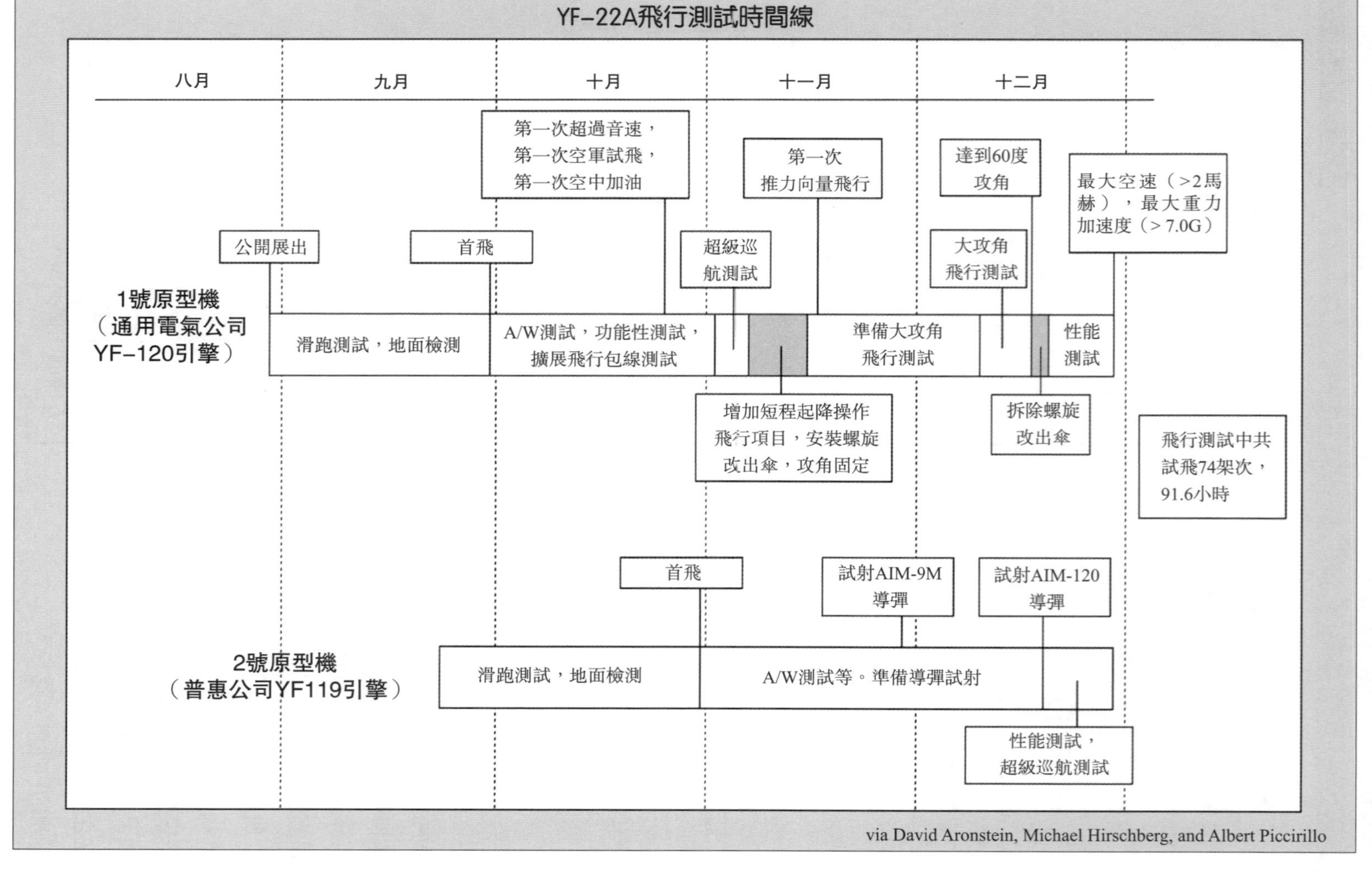

上圖：YF-22A飛行測試時間表，包括兩架原型機，均要完成的試飛專案大綱。

到20世紀60年代，「隱形」技術解析科學已經被廣泛掌握，能夠有效地分析不同形狀和不同元件的整體「隱形」效果。很快，人們意識到，一個位於適當角度的平面，對於雷達來說是一個很好的反射信號。而一個空洞，同樣也是良好的雷達反射體。因此，噴氣飛機的進氣道和噴口對於縱向（機頭—機尾方向）的雷達來說，是主要的反射源，而垂直尾翼則是橫向的良好反射源。

當時，人們已可以使用適當的形狀和材料來設計飛機，以減小雷達散射截面。但是，當時還不能採用良好的數位設計程式，所以不可能製造出完全平衡的「隱形」飛機。換句話說，總會有一個部件成為特定方向的雷達波主反射源。這個時期的代表是洛克希德的SR-71「黑鳥」偵察機。

下圖：兩架YF-22在愛德華茲空軍基地的停機坪上，分別為裝備普惠公司原型引擎的第二架YF-22A（N22YX）和裝備通用電氣公司原型引擎的第一架YF-22A（N22YF）。

10年後，人們已經發明了不少方法對物體各部分的雷達反射效果進行量化測評。借此，人們可以設計一架具有「平衡」的雷達散射截面的飛機，以最大限度地減少主反射源的雷達波散射。這促使人們設計出了洛克希德F-117A「隱形」戰鬥機和諾斯羅普B-2A「隱形」轟炸機。

在過去的25年中，人們在「隱形」技術的分析方法和實驗方法上都不斷改進技術，特別是能夠將抗雷達散射形狀與雷達波吸收材料結合起來。與此同時，反「隱形」技術也取得相當大的進步，迫使「隱形」技術不得不進入新的一輪研發週期。在過去的20年裡，「隱形」技術上發生的巨大變化大大提高了飛機的作戰性能。而對「隱形」知識的介紹只能看做是這個時代的一個縮影。

雷達散射截面技術基本原理

通過兩個基本措施，可以被動地

減小雷達散射截面。採用適當的形狀，最大限度縮小雷達散射截面，以及採用能量吸收/弱化塗層。在飛機設計上，人們不得不兩者兼用，以在適當電磁頻率範圍內實現低可見性要求。

形狀

飛機上各平面的定位，應使射入波以接近切角的方向進入，而避免以直角方向進入。這種做法有一個巨大的好處，具體如下例所述：

通過一次逼近法可知，當一個球形的直徑大於雷達波長時，該球形的雷達反射截面等於它的幾何最大截面。

因此，一個最大截面為1米2的球形，它的反射截面可以看作是在不同視角下面積為1米2的平面。一種情況是設想當雷達波束與此平面的長寬兩邊成直角，旋轉此平面，使平面與雷達波之間成微角。另一種情況下，則設想雷達波束與平面成45度角。

試驗用波長為平面長度的1/10。這一波長廣泛使用在地對空導彈的雷達系統中。

一般情況下，平面的作用就像一面鏡子，它的反射強度比球面高30分貝（1 000倍）。如果我們現在以某條邊為軸旋轉這個平面，那麼對於雷達波來說，這條邊不變。當旋轉角為30度時，我們會發現散射截面減少到原來的1/1 000，這時平面的反射強度與球面相等。

當旋轉角繼續增加時，散射截面的衰減會達到最大值，即再減少50倍，也就是雷達散射截面減少到旋轉前的1/50 000。

現在，如果你把平面恢復原狀，再次沿與雷達波成對角方向旋轉該平面，你會發現情況發生了很大改變。這次，平面僅旋轉8度，雷達反射強度就減少到原來的1/1 000。當平面與雷達波成淺角時，雷達散射截面繼續減少40分貝（1/10 000）。總的算來，雷達散射截面減少到原來的1/10 000 000！

這麼看來，只需要避免高反射率的形狀和飛行姿態角，就可以輕易地減小雷達散射截面了。

但是，還沒有考慮多元反射的情況。這種情況與上例又相當不同。很明顯，大量的信號會在一個狹長、閉合的管體結構中聚集，從而在內部形成一個完美的雷達反射源，將信號反射至雷達波源方向。而且，管體結構入口後段的形狀也常常有助於雷達波散射。

但是，在直管中，電磁波僅需要一兩次反射，就可以形成回波，而在弧形管中，就需要四五次反射才能形成回波。所以我們能夠想像得到，應用一些小技巧就可以有效地提高電磁波在管腔中反射的次數，而不需要犧牲航空性能。比如，可以採用高截面縱橫比結構，最大限度提高洞體的長高比。如果我們能讓電磁波在管腔內每反射一次，就進行一定程度的衰減，那麼多元反射結構管道的巨大優勢就顯現出來了。SR-71「黑鳥」偵察機的進氣道就採用了這樣的設計。這就是所謂的射線追蹤技術。

好，讓我們繼續深入下去。當電磁波射在與波長大小相符的平面時，電磁波並不完全按光學相似規律進行反射。換句話說，反射波並不總是和入射波成補角（也就是說，反射波不沿入射波的方向返回）。

事實上，輻射性的電磁波會遵循一種典型的反射波結構。主前向散射波峰的寬度取決於波長與反射面尺度之比。第二及第三前向散射波峰的大小也同樣如此。如果反射面遠遠大於雷達波長，即可視為波長與反射面大小之比近似于零時，雷達波的反射遵循光學相似規律。此時，散射回波（雷達波長提高，或雷達波頻率降低）即由原方向返回。

所以，如果要設計一個反射最弱的洞體，重要的是平衡三者的關係，即前向散射、射線追蹤以及散射回波與第一平面的互動關係。很明顯，要對回波總量進行精確計算是相當複雜的，通常要使用超級電腦。

雷達波吸收材料覆層

儘管通過外表面、進氣道和噴口邊緣的形狀設計，可以有效地減少雷達散射截面，但很明顯，洞體內部的「隱形」設計還是要依賴雷達波衰減材料。首先要注意到雷達頻率範圍涵蓋了兩三個量級。與雷達波衰減材料密切相關的

下圖：在愛德華茲空軍基地，兩架YF-22A（N22YX/N22YF）在停機坪上。

兩個性質是滲透率和介電常數。

當雷達頻率以不同的方法作用在不同的材料上時，這兩個性質都會有相當大的不同。同時，只有塗層厚度達到相關頻率波長的四分之一時，雷達波吸收材料塗層才會有效。

高溫塗層

減少引擎噴口的雷達散射截面也是非常重要的。但這一工作因高溫而變得複雜。高溫區域雷達波吸收塗料覆層的電磁設計要求與低溫區域的覆層是相同的，但如何保證結構上的完整性也是一個大問題。

噴氣尾流

高熱的引擎決定了來自噴氣尾流的雷達回波多處於電離狀態。而來自尾流中耐熱粒子的回波，如碳粒子，很少能夠達到有效強度。使用不平衡數學方法對來自離子態尾流的回波進行計算是非常重要的，尤其對於在中高空飛行的飛機。

通過最高氣體溫度下的高密度離子流的研究，人們很快意識到，乾燥環境下的引擎尾流回波是無效的，而引擎加力燃燒室的尾流回波則是有效的。

部件設計

當飛機上的基本雷達反射源已被減少到很低時，細節設計就變得非常重要。比如說，檢修窗及艙門邊緣，除非採取必要措施，否則都有可能成為反射雷達波的重要源頭。

基於上面對於平面反射原理的論述，很明顯，在飛行方向上的一個直角形狀的艙門邊緣通常是不利於「隱形」的，這會在機頭方向產生足夠強烈的反

下圖：YF-22A（N22YF）在帕姆代爾製造中心進行首次跑道滑行測試。

上兩圖：YF–22A（N22YF）即將移交美國空軍博物館，請注意，進氣道側面有普惠公司的標誌。

射信號。因此，不能再使用傳統的矩形艙門和檢修窗設計。

需要解決的不僅包括改進艙門/窗的邊緣，而且也包括與飛機主要邊緣相交的其他邊緣。

飛行員的頭部，包括頭盔，也會成為重要的雷達波反射源。駕駛室內部艙壁和構件結構也是很好的反射軌跡回波源。解決方法是讓駕駛艙的外部形狀符合良好的低頻雷達散射截面設計規則，並使用鍍膜玻璃。這種玻璃類似于商業大廈裡用來控制溫度的玻璃。

對於座艙玻璃還有一些更嚴格的要求：至少85%的可見光應能夠穿透這種玻璃，但所有的雷達波都應被反射。同時，在夜間飛行時，飛行員不會看到駕駛艙玻璃上有明顯的儀錶操縱板的倒影。

在一架高機動性的具備自動駕駛功能的飛機上，具備冗餘氣動資料來源是非常重要的。氣動資料必須非常準確，並考慮到氣流方向的影響。同時氣動儀錶必須即時可靠地進行運轉。F-22戰鬥機上已經使用了總/靜壓探頭。這明顯是對「隱形」要求的一個折中選擇。在F-22戰鬥機研發的不同階段應用過幾種相當不同的技術。

機載天線和雷達系統，是高頻雷達系統可探測到的主要潛在危險之一。原因有二：其一是，要把一個原本就用來非常高效地發射信號的部件隱藏起來，顯然是困難的事，即所謂帶內雷達散射截面問題。其二是，即使第一個問題得到了較好的解決，天線和雷達系統所釋放的能量也可以成為穩定的可探測源。解決這一問題的工作正在實施中，在此不便談及。

紅外輻射

在大量吞吐空氣的動力系統中有兩個重要的紅外輻射源：高溫部件和噴射尾流。與減少紅外輻射密切相關的基本變數分別是溫度和熱釋放率。基本可行的解決方案是瞄準線遮蔽。

熱釋放率是一把雙刃劍（特別在管腔內部）。

因為熱釋放率較低的表面雖可以減少熱量的釋放，但同時又會增強來自內部更熱部件的熱輻射反射。因此，科研人員必須小心翼翼地對噴氣發動機排氣道內部進行優化，以設計出適當的熱釋放體系。

這個熱釋放體系必須針對敵方可能使用的紅外探測儀器的頻率範圍進行設計，典型的探測波長是1~12微米。

短波雷達一般用於高溫探測，而長波雷達則在測量典型氣溫特徵上效率更高。所以，熱釋放體系的設計要考慮到頻率和空間色散兩方面的要求。一旦這些要求被確定下來，接下來的問題就是找到符合要求的材料。

紅外遮罩層的設計者們所傾向的第一項設計改進，就是在透明黏合劑裡添加一些金屬散熱片。按照相關頻率範圍製作一種透明的紅外遮罩塗料黏合劑，這可不是件輕鬆的事。而且負責雷達「隱形」塗層的設計師們也不會喜歡金屬微粒的良好雷達反射性能。

下圖：飛行測試項目中，位於愛德華茲空軍基地上空的YF-22A（N22YF）。

第二項設計改進是使用多層材料。早在考慮到雷達遮罩塗層時，設計人員們也曾討論過這一能量衰減措施。多層材料的度量單位不是毫米，而是更精密的埃（一億分之一釐米）。

如今，多層材料又處於一個大的改進週期，由鍍膜多層金屬過渡到金屬氧化層結構，以求得到更好的雷達散射截面相容性。讓熱釋放率達到特定頻率的性能要求，更不是一件簡單的事。讓熱釋放係數降低0.1，都是一件實實在

上圖：YF-22A（N22YF）在飛行測試中被授予軍用編號87-701。

在的壯舉，尤其是針對一段連續的頻率範圍。因此，熱釋放率的最大實際比率應限制在一個數量級之內。

然而，大家可以想像得到，如果碳顆粒（熱釋放率最高的材料之一）不斷地累積在引擎內部管壁上的話，那麼以上的討論就都毫無意義了。在引擎排氣道中，哪怕有一點碳顆粒累積，都會導致紅外遮罩塗層的失效。

儘管在引擎高溫部件上的碳粒堆積是一個漸進的過程，但在幾小時開機後，排氣道裡就很難見到依然閃亮的部件了。所以，對於熱釋放率的控制主要都在表面進行，而不是在那些暴露在引擎廢氣中的部件上，諸如進氣道和飛機內部元件。

另一個可控制的變數是溫度：溫度是決定紅外輻射的一個關鍵指數。所以原則上通過溫度來控制紅外輻射會比熱釋放率有效得多。在紅外輻射的通用方程中，相應的兩個變數是產品的熱釋放率以及溫度的四次方。

但是，這一方程是相當簡化的。它沒有考慮到紅外輻射的頻率會隨溫度變化而相應發生改變。在最簡單的紅外探測器（探測波長1~5毫米）的工作頻率範圍中，決定典型高溫金屬設備紅外輻射量的溫度指數接近8次方，而不是4次方。所以，在針對某紅外探測器的特定頻率時，應使用熱釋放率係數和溫度的八次方，來計算相應設備的紅外輻射量。很明顯，當溫度發生小幅度下降時，紅外輻射量就會發生較大幅度的下降。下降效果大大高於控制熱釋放率的效果。

第三個措施是遮蔽：在一架螺旋

槳飛機或直升機上，渦輪消耗掉了發動機產生的大部分能量。很明顯，在這些飛機上實現紅外線遮蔽，要比在噴氣式飛機上容易得多。

對於螺旋槳飛機，使用紅外遮蔽技術已有多年，但直到最近，噴氣式飛機才應用這一技術。洛克希德的F-117A戰鬥機和諾斯羅普的B-2A轟炸機都使用了相似的紅外遮蔽技術，以避免高溫部件成為雷達下半球方位上的探測目標。

總之，要解決紅外輻射的問題，就要把降溫技術和遮蔽技術結合起來，儘管這麼做意義不大——高溫部件已不再是紅外輻射方程中的重要項目。

這是因為，飛機主體也是紅外放射源，由飛行速度/高度決定。噴射氣流也是重要的紅外線輻射源，特別在使用引擎後燃器（加力）時。因此，在飛機設計初期，引擎製造商和機身製造商之間的密切合作是非常重要的。比如，引擎函道流量比的選擇，就不僅要考慮到性能的要求，還要考慮到整個系統的最大效率以及戰機生存性的需要。

噴射尾流同機身上的高溫部件一樣，其紅外輻射量受溫度以及熱釋放率的複雜因素影響。空氣具有很低的熱釋放性，碳粒子具有高頻寬熱釋放性，而水蒸氣也釋放特定頻寬的紅外線。

水蒸氣的紅外波長對於紅外探測儀器的作用好壞參半。水蒸氣可以幫助定位噴氣式飛機的尾部氣流。而大氣的濕度則決定了水蒸氣的紅外輻射衰減速度。然而，毫無理由不去開發智慧紅外探測器，使之具有即時判斷能力，能夠根據條件判斷水蒸氣紅外輻射的可用性。

總而言之，身負特殊使命的現代「隱形」戰機，要結合低可見性形狀、雷達波衰減材料的選擇以及各種細節的巧妙設計。空軍對於「隱形」部件所需資金，採用了強制預算的辦法，以實現在一個相當廣泛的頻率和飛行姿態角下的「隱形」性能。

上圖：YF-22A試飛員，（從左至右）包括洛克希德公司的戴夫・弗格森、湯姆・摩根菲爾德、喬恩・比斯利，空軍的馬克・沙克爾頓和威利・內格。

上圖：波音757原型機（N757A）成為YF-22A和F/A-22A的機載電子設備空中測試台（空中飛行實驗室）。

3 測試項目
YF-22A Flight Test Program

在簽訂合同4年後，先進戰術戰鬥機的原型機已經做好試飛前的準備。試飛專案由聯合試驗部隊（CTF）小組主持。每個聯合試驗部隊小組的成員包括機身製造商代表、機載電子設備供應商代表、賣方代表、兩家引擎公司的代表以及空軍代表。

一反傳統做法，空軍飛行測試中心（位於愛德華空軍基地，AFFTC）沒有制定原型機的試飛程式，而是放手由洛克希德和諾・格兩個集團制定並執行各自原型機的試飛程式。參與競爭的兩種原型機，計畫平均每天要進行兩次試飛，平均每週試飛6天。以便在緊張的6個月時間中，完成試飛程式的相應要求。

第一架完成的ATF原型機是諾斯羅普YF-23A（非官方綽號是「黑寡婦Ⅱ」，以紀念該公司著名的WWIIP-61夜間戰鬥機，一個臨時性的沙漏狀標誌被漆在原型機的下部），編號N231YF，於1990年6月22日正式展出。

上圖：YF-22A（N22YX）和YF-23A（N231YF）正在接收普惠公司的公共關係部的攝像。

同年8月29日，第一架YF-22A正式展出（非官方綽號是「閃電Ⅱ」，以紀念該公司著名的P-38戰鬥機），編號N22YF。

新式ATF原型機的第一次試飛仍然由諾斯羅普集團先行。1990年8月27日，諾斯羅普公司飛行員保羅・梅斯（Paul Metz）駕駛YF-23飛機（N231YF）由愛德華空軍基地起飛。

諾斯羅普的試飛程式進展很快。軍方編號87-800原型機在1990年9月14日的第4次試飛中就完成了空中加油任務；9月18日，以1.43馬赫的速度完成了超級巡航任務；11月30日，它進行了第34次也是最後一次試飛。YF-23A（87-800）原型機的總飛行時間是43小時。

第二架YF-23A，軍方編號為87-801，於1990年10月26日首飛。在11月29日，以1.6馬赫的速度完成超級巡航科目。在12月18日，完成最後一次飛

下圖：1990年9月29日，第一架YF-22A（N22YF）首次飛行。

行。飛行16次，累計飛行時間為22小時。YF-23A原型機試飛中達到的最大空速是1.8馬赫，最大升空高度為50 000英尺（15 240米）。

洛克希德的論證/定型試飛程式由試飛主管理查・艾布拉姆斯指導。試飛的重點都是聯合部隊精心挑選的科目。這些科目能夠為空軍提供大量有說服力的資料，從而實實在在地表明YF-22A的性能可以直接進入F-22A的工程開發設計階段（EMD）。在這些重點科目上所體現出的試飛策略，驗證原型機的以下性能：超級機動/控制性能（有時稱為敏捷性），使用兩種引擎（普惠公司和通用電氣公司）的超級巡航性能（即不使用加力的超音速持航能力），大迎角飛行特性，實彈發射AIM-9M「響尾蛇」導彈和AIM-120先進中距離空對空導彈的能力。

為了在有限的時間裡完成這些特定的測試科目，就必須保證採用高效、積極的測試措施。這些措施包括：確保必要的資源可以隨用隨取，以保證高出動架次率；盡可能使用空中加油；僅在絕對必要時進行飛行性能限值（飛行包線）擴展科目試飛，以驗證原型機的特定性能；計畫和使用多科目並行試飛技術；讓美國空軍試飛中心（AFFTC）和空軍作戰測試評價中心（AFOTEC）的試飛員提前充分地參與原型機的論證/定型專案。

洛克希德公司假定合理的期望值是每個月每架原型機配備10名經驗豐富的試飛員，並基於YF-16、YF-17以及F-117的經驗進行原型機論證/定型試飛專案，以保證計畫目標的實現。考慮到天氣因素、政府假日、航空表演的時間

下圖：YF-22A（N22YX）在愛德華茲空軍基地上空進行飛行測試。通過垂直尾翼翼梢上的紅白藍條紋可以認出YF-22A。

表以及飛機可能出現的故障等，公司意識到：會有幾周時間試飛相對頻繁，而其他幾個時段的試飛會相對輕鬆。但是，人力和資源都應能保證支持至少每天兩次、每週六天的試飛任務。

平均每次飛行時間估計為1.2小時，如果使用空中加油的話，可以延長到2.8小時。YF-22A原型機空中加油的早期品質成為制定試飛策略的基礎。計畫中，80%的試飛任務將使用空中加油。

YF-22A原型機的試飛在愛德華空軍基地，由聯合試驗部隊主持。聯合部隊成員包括：兩個承包商集團的代表、兩家引擎公司的代表、航空電子設備供應商代表、賣方代表以及空軍代表。空軍代表來自美國空軍試飛中心（AFFTC）和空軍作戰測試評價中心（AFOTEC）。試飛小組人員組成如下：洛克希德航空系統公司——工程與管理，90人；洛克希德先進開發公司——維護/質保/材料/地標領航，65人；通用動力公司——工程/材料/地標領航，45人；波音軍用飛機公司——工程/維護/質保，40人；空軍（AFFTC和AFOTEC）——工程/維護/地標領航，20人；通用電氣公司——工程和地面服務，20人；普惠公司——工程和地面服務，20人。參與試飛專案的總人數為300人。

洛克希德集團對YF-22A飛行論證專案的計畫和實施承擔完全責任。

總試飛計畫由組成合作集團的各個公司共同制定。引擎生產商在計畫

下圖：YF-22A（N22YF）在愛德華茲空軍基地測試開始時的滑行。在這個階段，很少能看到引擎噴口的細節照片。

的制訂過程中，為推進系統的相關測試要求提供資訊和服務。空軍制定的唯一準則就是：原型機試飛的目的是減少EMD階段可能出現的風險。試飛期間需要驗證的性能由承包商集團自行規定。試飛計畫檔包括YF-22A飛行驗證專案測試計畫，支援測試資訊清單（TIS），包括的測試科目如下：使用通用電氣公司引擎的飛機性能測試；使用普惠公司引擎的飛機性能測試；操縱性能測試；通用電氣公司引擎測試；普惠公司引擎測試；結構測試；飛行系統測試；武器系統測試；乘員系統測試。

這次測試計畫的審查和批准流程與以往論證/定型項目的慣例大大不同的是，美國空軍試飛中心並沒有批准許可權。所以，美國空軍試飛中心試驗計畫技術審查委員會（TRB）並沒有協助相關計畫的審查工作，而由安全審查委員會（SRB）獨立完成。儘管先進戰術戰鬥機專案系統辦公室（ATFSPO）對於全部試飛計畫都擁有審查和批准權，但經常要向美國空軍試飛中心進行諮詢，徵求對試飛計畫的看法。

對測試任務實施即時遙感監控的應用控制室位於美國空軍試飛中心的Ridley任務控制中心（RMCC），並在帕姆代爾使用了一輛遙感信號中繼車，以確保Ridley任務控制中心能接收到良好的遙感信號。在引擎試車、動力滑跑測試以及兩種原型機的首次試飛中，都要進行遙感監測。除Ridley任務控制中心外，為滿足即時遙感監控的要求，在YF-22A聯合試驗部隊工程綜合樓裡設立了一個具備部分功能的遙感控制室。因為功能有限，這個控制室僅能監控無危險性的試驗任務。在論證/定型階段，這個控制室從沒有用於監控任何一次試飛，但它被廣泛（以被動模式）用於作為Ridley任務控制中心主控制室的補充。

洛克希德公司帕姆代爾試飛資料中心（FTDC）負責相關試飛資料的處理。這些資料一部分來自機載設備的記錄磁帶，另一部分通過遙感信號直接傳送過來。在帕姆代爾試飛資料中心，有多項分析程式用於進一步處理試飛資料。有一些是專用程式，用於專門處理工程資料。而另一些比較普通，可以相當廣泛地處理各種試飛資料。

一個安全、高性能的網路連接了愛德華空軍基地、YF-22A聯合試驗部隊設施、洛克希德公司帕姆代爾試飛處理中心、伯班克分廠，在沃思堡的通用動力公司以及在西雅圖的波音公司。在論證/定型項目中，人們頻繁地利用這個網路，讓它在試飛項目中發揮了各種各樣的重要作用。比如，可以在許多地點登錄遠在帕姆代爾試飛資料中心的試飛資料庫，進行工程查詢和分析。飛行控制系統中的各種操作飛行程式（OFP）都可以經過網路直接從沃思堡傳送到愛德華空軍基地，不再需要在各公司與軍方之間傳遞資料磁片或磁帶。各種飛行測試檔，例如測試計畫和報告等等，也經常通過網路進行傳遞。

如前所述，YF-22A原型機的論證/定型試飛專案的目的是：為低風險的工程開發階段（EMD）做好準備，包括工程開發階段所需的飛行測試資料以及「試飛確定的各性能限值」的比較。不同的是，此次試飛的目的不是確定YF-22A的最終性能，也不是確定飛機是否符合設計要求和相關規定。

因此，在一定程度上，這次試飛程式必須與「正常的」開發試飛程式略有不同。YF-22A的兩架原型機的試飛程式都是如此，這不僅是因為YF-22A的機身設計的不成熟性，也是因為每架YF-22A上都裝備了不同的原型引擎。（因為第一架裝備普惠公司的YF119原型引擎的諾斯羅普YF-23A原型機已經進行了試飛，所以人們假定當第二架YF-22A飛機進行首飛時，這種引擎的性能已經過了有效飛行測試。）

很多飛行測試科目都要由兩架YF-22A各完成一次，以便對兩架原型引擎的性能資料進行最大限度的比較。首架YF-22A原型機的任務是進行大攻角測試。第二架原型機裝備了彈藥管理系統（SMS）和導彈發射器。它的任務是進行武器艙環境和武器系統測試。從試飛開始，洛克希德公司就有意讓空軍作戰測試評價中心對兩架原型機進行早期作戰測評（EOA）。每架原型機的試飛任務計畫如下表：

測試任務安排	A/C–1	A/C–2
初始適航性測試	是	是
有限飛行包線擴展測試顫振/飛行品質/負載測試	是	否
推進系統測試	是	是
空中加油性能測試	是	否
超級巡航與性能測試	是	是
機動性/操縱性測試	是	是
武器艙振動與聲學測試	否	是
導彈實彈發射測試	否	是
大攻角測試	是	否

兩架原型機在首飛之前都進行了低/中速滑跑測試。滑行測試的主要目的是評價原型機的地面操縱性能、剎車動力性能、防打滑系統、縱向控制性能、短程起降飛行資料精確性、前輪轉向性能，並確保沒有任何起落架晃動或其他不利的相互作用存在於飛機的結構性彎曲部件與飛行控制系統之間。其次是確保所有機載航空系統（包括操縱儀錶）都已處於首飛前的正常準備狀態。

在滑行測試中發現的唯一問題是，在機頭懸杆與短距起降飛行資料系統攻角指示器間，發現了明顯有大約3度的偏差。但早在飛行品質模擬測試中就發現，短距起降攻角誤差可在正負5度間出現。所以，全體試飛員以及通用動力公司飛行控制人員一致認為，這個小問題不會在原定的初始適航性飛行性能限值（飛行包線）測試中引發任何特別的飛行品質問題。最後的決定是先進行試飛，等通過試飛得到了校準資料後，再對這處誤差進行校準。

編號N22YF（PAV-1）的YF-22A原型機的首次試飛，使用通用電氣公司的YF120-GE-100引擎。試飛員是洛克希德公司的戴夫・弗格森（Dave Ferguson）。他於1990年9月29日從洛克希德公司帕姆代爾製造中心（10分廠）到達愛德華茲空軍基地。因為受地面站故障影響，起飛時間延後，所以實際試飛時間比原計劃的時間要短。在地面上長時間的靜態開機狀態耗費了大量油料，從而影響了試飛時間。

在首飛中，並沒有收回起落架。可能是由於F-22專案經理稱之為「法西斯程式」的軟體故障，導致起落架根本就無法收起，所以到第五次試飛，才收起了起落架。放下起落架的命令是通過硬線傳遞的，而收回命令卻由機身綜合子系統控制器來控制（IVSC）。工程師們繞過了機身綜合子系統控制器，另外設計了獨立的控制硬線，才解決了這個問題。

起落架的問題一被解決，飛行測試程式的節奏就開始加快了。

N22YF原型機的第一項測試是初始適航性測試。測試目的是在原型機的飛行品質、性能、引擎和系統操作上建立一定程度的信心。適航性測試結束後，下一步的測試計畫是將（顫振）升限和最大速度限值擴展到40 000英尺（約合1.2萬米）、1.6馬赫（450節當量空速）。實際上，這一目標是在進入試飛計畫後一個月的第14次試飛中實現的。

在10月25日，在第9次試飛中，完成了YF-22A的第一次超音速飛行測試。當天，又進行了KC-135加油機的測試。第一次空中加油是在10月26日，YF-22A的第11次試飛中。全部空中加油試飛都由空軍試飛中心的YF-22A項目試飛員馬克・沙克爾頓（Mark Shackleford）少校駕駛。馬克・沙克爾頓少校在6511飛行中隊任職。在10月25日YF-22A的第10次試飛中，他成為空軍中第一位駕駛YF-22A的試飛員。

這之後出現了短暫的間歇，新的短程起降操作飛行專案（OFP）獲准加入試飛計畫，這一專案使推力向量裝置的使用得到了批准。測試前，人們在YF-22A機身上安裝了螺旋改出傘。同時，為了修正飛行資料攻角誤差，對短距起降軟體程式進行了修改，同時還進行了其他一些改進：飛行資料探測器下調5°，並適當調節了短距起降局部氣流角校正值。

其後不久，就開始了大攻角測試。這個科目要求飛機攻角達到60°，並能在如此大的攻角下做出俯仰、側滾等機動動作。一周內，YF-22A原型機就完成了這項測試。螺旋改出傘被拆掉了。接下來的論證/定型階段重點試飛科目是超音速性能限值（飛行包線）擴展測試，並在飛機超過最大速度後進行性能、飛行品質、負載和推進系統的測試。

第二架YF-22A原型機，編號N22YX（PAV-2），由洛克希德公司試飛員湯姆・摩根菲爾德（Tom Morgenfeld）駕駛，在1990年10月30日進行首飛。在初始適航性測試結束後，試飛項目的重點方向是完成所有的必備前提測試。這些測試要在AIM-9M「響

下圖：YF-22A（N22YX）在愛德華茲空軍基地上空進行論證/定型測試，可以清楚地看到全翼展前緣襟翼。

上圖：在加州的洛克希德・馬丁公司的帕姆代爾製造中心，YF-22A（N22YX）進行YF119靜態引擎試車測試。位於水準尾翼上的杆狀物體為動力荷載感測器。

尾蛇」導彈實彈發射之前完成。這一任務在PAV-2首飛大約一個月後完成了。接著這架原型機在11月20日完成了第6次試飛，進行了空中武器艙開啟測試。

1990年11月28日，試飛員喬恩・比斯利（Jon Beesley）操縱YF-22A（PAV-2）原型機，完成了「響尾蛇」導彈的實彈發射任務。這是原型機的第11次試飛。耶誕節前，1990年12月20日，完成了AIM-120先進中程空對空導彈的實彈發射任務。第二架YF-22A原型機的試飛專案還剩下超音速性能限值（飛行包線）擴展測試，以及性能、飛行品質和推進系統測試。到1990年12月28日，YF-22A原型機的試飛程式全部完成。

YF-22A論證/定型試飛程式的重點是驗證飛機具備如下性能：

（1）不管使用普惠公司還是通用電氣公司的引擎，都應表現出超級機動性能和良好的控制性能。包括特殊剩餘功率、轉彎和側滾性能以及俯仰回應。YF-22A原型機操縱性能科目包括雙峰、側滑、橫滾以及收斂轉彎。飛行測試結果將同風洞測試資料以及飛行類比資料進行比較。飛行品質評價測試包括起飛、著陸、編隊和追蹤作業。編隊飛行評價測試包括空中加油編隊以及普通編隊飛行。最後還包括推力向量、空

論證/定型原型機試飛重點

日期	YF-22A	YF-23A
1990年6月	「已確定的飛行包線」預測值提交至系統專案辦公室	
6月22日		YF-23A一號機在愛德華茲空軍基地展出
8月27日		YF-23A一號機首飛（YF119引擎）
8月29日	YF-22A一號機在帕姆代爾展出	
9月18日		YF-23A一號機以1.43馬赫的速度完成超級巡航測試
9月29日	YF-22A一號機首飛（YF120引擎）	
10月26日		YF-23A二號機首飛（YF120引擎）
10月30日	YF-22A二號機首飛（YF119引擎）	
11月	發佈《EMD階段設計提案徵求書》	
11月3日	YF-22A一號機完成超級巡航測試，最高速度達到1.58馬赫（YF120引擎）	
11月15日	YF-22A一號機進行第一次推力向量飛行測試	
11月28日	YF-22A二號機試射一枚AIM-9M「響尾蛇」導彈	
11月29日		YF-23A二號機以1.6馬赫完成了超級巡航測試
11月30日		YF-23A一號機完成了第34次試飛，也是它的最後一次試飛（總飛行時間43小時）
12月10日	YF-22A一號機開始大攻角測試	
12月17日	YF-22A一號機完成大攻角測試	
12月18日		YF-23A二號機完成了第16次試飛，也是它的最後一次試飛（總飛行時間22小時。YF-223A試飛程式正式結束。
12月20日	YF-22A二號機試射了一枚AIM-120導彈	
12月27日	YF-22A二號機以1.43馬赫的速度完成了超級巡航測試（YF119引擎）	
12月28日	YF-22A一號機使用YF120引擎，達到最高速度（超過2馬赫），最大重力加速度（超過7G）。YF-22A試飛程式正式結束。	
12月31日	兩個公司聯盟正式將《EMD階段設計提案書》提交給系統專案辦公室	

via David Aronstein, Michael Hirschberg, and Albert Piccirillo

上圖：YF-22A（N22YX）在進行試飛前的地面檢查。

中刹車、武器艙門定位等科目的測試。

總的來說，試飛資料和預定資料非常吻合。起飛、著陸中，YF-22A都表現出良好的操縱性能。著陸測試包括：正常狀態以及高/低/橫向偏移狀態下的轉彎進場著陸和直接進場著陸。此外，在單發進場/著陸的模擬測試和實飛測試過程中也沒有發現任何問題。在進行首飛後的五周內，側風著陸的最低空速已經輕鬆達到每小時20節（約每小時37千米）以下。

支持載荷和特殊剩餘功率的測試結果屬於機密範圍。但這兩者的測試資料也同預定資料一致。但橫滾性能沒有達到預定指標。在0.90馬赫速度以及30 000英尺（約9 100米）高度，預定的全推杆橫滾轉角速度應達到每秒200°，而原型機只達到了每秒180°。在1.5馬赫速度和40 000英尺（約12 200米）高度，預定指標是每秒185°，而實飛中只達到了175°。

試飛中實測的橫滾阻尼值要高於

下圖：YF-22A（N22YF）裝備螺旋改出傘。請注意其飛機舵面、副翼、襟翼和水準尾翼的位置。

低距起降控制規則取值，根據實測阻尼值調整控制規則增益就可以提高飛機在0.9馬赫速度下的滾轉角速度。

在1.5馬赫速度時，由於橫滾機動動作而引起的側滑現象比預計中的要嚴重。部分原因是因為氣動飛行資料系統測量到的攻角比實際攻角低1.5°。這導致不正確的副翼舵互聯調度和過度側滑。

在巡航測試中，僅發現一個小問題，就是飛機對於微小的橫滾輸入過度敏感。簡單進行了一次小的增益調整就解決了問題。編隊飛行測試和空中加油測試進行得很順利，完全顯示了YF-22A的一流操縱性能。舉個例子，比如空軍試飛員馬克・沙克爾頓少校的頭兩次試飛就完成了首次空中加油測試和隨後的機身性能限值擴展測試。

下圖：YF–22A（N22YX）的頂部視圖。機尾的紅線為帶狀感測器，用於收集溫度和載荷資料。

儘管需要制定兩套不同的控制規則（因為有兩套不同的機身/引擎組合），但飛行控制系統與推力向量裝置的整合非常順利。第一次推力向量試飛是在1990年11月15日，YF-22A（PAV-2）的第15次試飛。根據報告，推力向量對於飛行員來說幾乎是「透明」的，而操縱性能卻有了很大提高。

這是因為推力向量明顯有助於提高大攻角性能，而且對於超音速機動性能也有很大幫助。事實上，YF-22A的

超音速機動性能得到了飛行員們的一致讚譽。其他戰鬥機僅在亞音速狀態下才能達到這樣的機動性能。一句話，所有駕駛過YF-22A的飛行員都認為這是一架令人興奮的戰鬥機。

（2）超級巡航：使用任一引擎（普惠/通用電氣）在中等推力下的超音速巡航性能。在超級巡航性能測試中，兩種引擎分別進行測試。通用電氣公司的引擎於1990年11月3日進行首次測試。普惠公司的引擎在1990年12月27日進行首次測試。測試的方法相當簡單、明瞭：試飛當天，空軍使用氣象氣球測量了高空的實際氣溫。然後使用這些資料計算出試飛中原型機需要達到的預定速度和高度。接著，原型機打開加力燃燒室達到預定速度和高度，接著把油門切換到中級推力。然後，原型機可以根據情況選擇加速或減速（必要情況下），以求在超級巡航飛行條件下達到穩定狀態。

超級巡航的測試結果是保密的，但總的來說，YF-22A在超級巡航條件

上圖：YF-22A（N22YF）在愛德華茲試飛場上空。

下圖：YF-22A（N22YX）正在發射AIM-120導彈。事實上，它的主武器艙僅有一個分艙具有導彈掛載能力。後面的飛機為波音F-15D，軍用編號78-570。

下試飛資料（中級推力下）與預定資料是相符的。在37 000到40 000英尺（約相當於1.1萬~1.2萬米）高度，空軍多次驗證了YF-22A的超級巡航性能。來自非官方的資料是，配備通用電氣引擎的飛機達到了1.58馬赫的速度，而配備普惠引擎的飛機達到了1.43馬赫的速度。對於兩個引擎，共進行了4小時以上的超音速飛行測試。測試資料表明，YF-22A原型機的超音速推力值，即總裝機推力與剩餘推力（巡航阻力）的差，與預定值一致。

（3）大攻角飛行特性：優良的低速機動性能可以說是YF-22A設計中的一個亮點。所以，早在論證/定型試飛計畫的起草過程中就可以看出，把相當部分的試飛時間花在驗證原型機的大攻角機動性能上，不失為一個明智之舉。然而，從以往的試飛來看，由於對飛行結果的計算相當複雜，所以大攻角飛行測試中的結果總是很難預料。也正因為這種測試的內在危險性，所以在臨試飛前，人們對測試計畫進行了徹底檢查。1990年12月10日，大攻角性能測試科目正式開始。

如前所述，YF-22A的飛行控制系統可控制引擎噴口在俯仰軸線上進行變化。因此，飛機的俯仰角控制就由水準尾翼和推力向量協作完成。沒有了飛行控制系統對攻角的限制，而強悍的拉升能力決定飛機可以在極大的攻角下平穩飛行。由於可以在俯仰軸上調控推力向量，使得縮小水準尾翼的面積成為可能。但保證水準尾翼具有足夠的面積仍

下圖：YF-22A（N22YX）的軍用編號為87-701，正處於著陸狀態。

是必要的，從而確保飛機在嚴重失速狀態下，比如大攻角下的推力向量熄火甚至雙發動機熄火，仍具有足夠的俯仰力矩以保證飛機的安全。

側滾則由副翼、襟副翼、水準尾翼和垂直尾舵協同控制。因推力向量而使飛機具備的額外俯仰控制能力，也使得飛行控制系統需要改進滾轉角速度限制器。這是因為提高俯仰控制能力需要克服低速橫滾中因慣性而產生的俯仰力矩。這讓飛行員可以在打開推力向量的情況下，讓飛機產生比沒有推力向量時高得多的滾轉角速度。

YF-22A上的螺旋改出傘設計同通用動力的F-16戰鬥機上的相似，只是YF-22的尾翼和廢氣噴口結構需要四倍于原大小的傘。傘的直徑是28英尺（約8.4米），傘索長度100英尺（約30米）。這樣的大小可以確保傘完全張開後可以完全覆蓋尾氣噴流和尾氣噴口。地面滑行（速度76節）和空中（高度25 000英尺，約合7 500米，速度165節）開傘和棄傘測試先於大攻角飛行測試進行。在這些測試中沒有發生任何問題。但在大攻角飛行測試中並沒有任何機會使用螺旋改出傘。額外的前提測試包括：飛行品質測試（1G機動重力加速性），配合20°攻角並測試推力向量的關閉和複開，其中1G的機動重力加速負載包括一個直角彎、拉升和俯衝、橫滾和偏航雙峰、側滑、坡-坡180°和360°橫滾；引擎空中啟動測試；輔助動力元件/緊急備用動力元件空中啟動測試；零重力加速度系統和負重力加速度系統測試。

上述測試在1990年12月10日完成，這是首飛後的第3個月初。大攻角飛行測試計畫實際上是一個系統測試陣列，在逐漸增加的攻角狀態下測試飛行穩定性和控制/操縱性能。典型的大攻角機動重力加速負載包括：1G重力加速

下圖：YF-22A（N22YF）在鋼制三腳架上安裝了螺旋改出傘筒。傘體將採用火藥彈出。

度的刹車以測試攻角性能，在大攻角狀態下進行急轉，然後進行俯衝和拉升，偏航和橫滾雙峰，連續橫滾，空中停機（在40°攻角狀態），全壓杆俯衝。

所有的飛行機動都在推力向量的配合下完成，控制油門在中級（INT）推力狀態。但1G重力加速度的俯衝例外。

下圖：YF-22A的推重比超過1.4:1。

全壓杆俯衝首先在中級推力（INT）及開啟推力向量的狀態下完成。然後在空轉推力和關閉推力向量的情況下再完成一次，以確定飛機的基本俯仰力矩。

然後把預定資料和實測資料進行即時比較，以便在下個測試要點之前解決可能出現的問題。這一測試過程成績斐然，為這個大膽試飛計畫的完成發揮了關鍵作用。按計劃，論證/定型階段大攻角測試在1990年12月17日完成，共進行了9次試飛，用了一周時間。這項測試在驗證飛機的氣動性能、推力向量、飛行控制系統設計、飛機操縱性能以及飛行資料和慣性導航系統的操作中發揮了至關重要的作用。

在20°~40°之間的攻角測試，以每2°為一單位遞增，在40°~60°之間，以每4°為一單位遞增（由於飛行條件的一處極小的改變，所以決定攻角在40°以上時，每個遞增單位增加2°）。

飛行員們對於飛機的大攻角性能非常滿意。攻角在22°時，人們注意到機身發生了輕微的震顫，到24°時，震顫稍稍加重。但震顫的強度和頻率在攻角達到60°時，並沒有發生變化，事實上似乎已經開始減弱。人們注意到在全部測試的攻角狀態下，都可以精確地控

上圖：YF-22A（N22YF）在愛德華茲空軍基地上空。

制飛機俯仰角。借助推力向量，飛行員可以在1/2°度之間調整俯仰角和攻角狀態。關閉推力向量後，因為控制規則發生改變，所以控制的準確性下降，控制動力明顯減少，攻角狀態僅能以1°或2°為單位進行調整。

當在一個給定的攻角狀態下完成雙峰動作後，將攻角調低（範圍小於4°）做橫滾機動。這期間沒有出現機翼搖擺，從而讓準確的、可計算的橫滾動作成為可能。橫滾機動性能讓人印象非常深刻。在大約30°攻角狀態下，橫滾回應速度極快，即使在最大攻角狀態下，回應延遲也非常小。

但YF-22A（N22YF）原型機的左右橫滾有一點輕微的不對稱。左向橫滾速度更快一點，在解除橫滾命令後，飛機會更快擺動，並能適應更大的攻角。這是因為當飛機接近30°攻角時，橫向配平對於翼平面的維持作用開始增強。當攻角大於30°時，橫向配平的作用開始降低。而在更高的攻角狀態時，配平的不平衡狀態可以忽略不計。在飛行員看來，與其說這是一個明顯的操縱性能缺陷，不如說這是橫滾控制性能的微小提高。當攻角在40°到44°之間時，橫滾控制變得有一點敏感，要求飛行員更小心地進行控制。飛行員可以精確地控制橫滾角度。翼平面偏離角不大於1°。

當攻角達到50°時，在模擬機上觀察到的一個現象在實飛中得到證實。在模擬機上，當攻角達到50°時，飛行員注意到當小幅度橫向推動操縱杆時，會誘發機翼出現±5°的擺動。這明顯是由於推杆的速度比飛機回應的速度快造成的。如果操縱杆在橫軸上保持不動，這個現象會很快消失。在其後的操作中，如果小心避免這種推杆動作，那麼機翼就完全不會再發生擺動現象。大部分人都懷疑模擬機是否有能力模擬出這麼細緻的動作。但令人驚訝的是，在實飛中證明了模擬機的準確性，即使在這樣高的攻角下。飛機的橫滾回應如此敏銳，以致在難以置信的攻角狀態下，也可以輕易地延長翼平面傾角的保持時間。在整個測試過程中，引擎的表現都非常優秀。

大攻角試飛計畫是非常大膽的。在大攻角試飛過程中，通過風洞試驗和模擬機所確定的各項預定指標得到了實飛資料的驗證。YF-22A在相當廣泛的速度範圍內表現出卓越的大攻角性能。通用動力的試飛員喬恩・比斯利（Jon Beesly）的話最好地總結了YF-22A的大攻角機動性能：「它總能做到我想讓它做的事，卻永遠不會去做我不想讓它做的事。」

（4）AIM-9M「響尾蛇」導彈和AIM-120先進中程空對空導彈的實彈發射能力。內部武器艙是基於YF-22A的「隱形」需要而設計的。而承包商認為，驗證原型機具有AIM-9及AIM-120空對空導彈的實彈發射能力是非常重要的。原型機在三個武器艙內攜帶空對空導彈：兩個側武器艙（或叫做頰艙，位於引擎進氣道的後方）各攜帶一枚AIM-9導彈，中間的主武器艙攜帶一枚AIM-120導彈（位於機腹）。吊式發射架的機械設計用於在發射前將導彈自武器艙中伸出。

第二架YF-22A，編號N22YX，用於進行武器系統測試專案。三個武器艙中的兩個艙（左艙和主艙）安裝了發射架，同時配備了彈藥管理系統。與大家想像的原型機導彈發射系統（也就

下圖：YF-23A（N231YF）的軍用編號為87-800，是兩架諾斯羅普ATF原型機中首飛的一架。

是飛行員按下按鈕，命令自硬線傳自發射導彈的機械結構）截然不同的是，YF-22A配備的是一種由電腦控制的基本生產型彈藥管理軟體系統（不含感測器）。

在實彈發射測試前，先進行了武器艙振動和聲學測試。在攜帶和發射AIM-120導彈前，原型機先安裝了一枚配備專用儀器的導彈，以驗證武器艙的內部環境。

YF-22A原型機在20 000英尺（約合6 000米）高度、0.70馬赫速度下發射了兩種導彈。其中AIM-9M導彈於1990年11月28日發射，發射地點為唐人湖海軍武器試驗中心。從各個方面看，試射都是成功的。導彈與飛機的分離很順利。沒有證據說明導彈的廢氣會對飛機的結構造成傷害，也沒發現引擎廢氣對導彈的影響。

1990年12月20日，YF-22A又試射了AIM-120空對空導彈，試射也絕對成功。試射地點在海軍太平洋導彈試驗中心，穆古角試射場。導彈按計劃與飛機分離並順利點火，沿預定彈道完成飛行。

所有的性能驗證專案在開始試飛後3個月內完成。空軍作戰測評中心（AFOTEC）參與了YF-22A論證/定型試飛專案，並針對YF-22A的性能作出早期作戰測評，以決定其最終的作戰角色。

早期作戰測評的資料來自YF-22A的11架次共13.9小時的飛行。全部相關測試專案都是從已經被批准的試飛計畫中抽選出來的。然而，抽選的試飛專案更傾向於操作導向，而不是單純的工程測試。而且，與工程試飛比較，這些更具有戰術性質的多功能驗證測評項目都是由作戰測評中心的試飛員來飛行。

在論證/定型項目的總結階段，作戰測評中心小組已經獨立完成測評任務，並向戰術空軍相關指揮系統進行了簡要彙報。測評中心YF-22A小組試飛員威利·內格（Willie Nagle）中校評論YF-22A時說：「這是一台仍在發展中的強大而優秀的機器。」

在論證/定型試飛專案階段，幾次意外也驗證了YF-22A的優秀性能。在第一次試飛著陸時，就意外地遇到了跑道濕滑的問題。當天，羚羊穀中下了一場雷陣雨。就在YF-22A著陸前幾分鐘，雷雨讓愛德華空軍基地的跑道變得濕滑。然而，飛行員在著陸中並沒有發現地面操縱、剎車和防滑系統發生什麼異常。

在YF-22A（N22YF）原型機的第三次試飛中，左側引擎（通用電氣公司生產）意外熄火，駕駛員不得不進行單發著陸。故障原因是引擎的一個液壓系統出現故障，並流失了全部液壓流體，

上圖：兩架YF-23A採用了不同的噴塗顏色，以便於辨認。其中深灰色的YF-23A配備了普惠公司的原型引擎，編號N231YF/87-800。淺灰色的YF-23配備了通用電氣公司的原型引擎，編號N232YF/87-801。

所以引擎控制系統立即關閉了這個引擎。YF-22A的單發飛行品質被證明是優秀的，在其後的著陸中，飛行員不需要因為熄火的引擎而做出特殊補償動作。

似乎在這件事上，兩家引擎製造商也要競爭一番，在N22YX原型機的第5次試飛中，右側引擎（普惠公司生產）也意外熄火了。故障原因是系統檢測到一個空氣渦輪啟動器可能出現故障。這次是由通用動力公司的飛行員喬恩・比斯利駕駛飛機。其後的飛行和著陸過程都很平穩。

N22YX在第三次試飛中，出現了強側風現象，這讓YF-22A的側風著陸速度下限提高到20節（比計畫要早得多）。但湍流和側風並沒有給試飛員湯姆・摩根菲爾德造成什麼麻煩。

最後一次意外是N22YF的第11次試飛。因為一號液壓系統的液壓液流失，並導致壓力開關失靈，從而讓這次試飛提前結束。由於已在類比機上針對類似故障進行過類比訓練，所以當試飛員馬克・沙克爾頓少校駕機返回基地並著陸時，並沒有遇到特別的困難。

1990年初，先進戰術戰鬥機系統專案辦公室要求洛克希德集團在試飛前提供YF-22A的設計性能參數。這些資料將與在試飛中獲得的資料進行比較。但公司有權選擇上報哪些性能參數。在6月底，作為YF-22A的「已確認性能限值」，這些資料被上報到系統專案辦公室。通過與實飛資料的對比，這些設計性能指標將作為試飛中的可靠性標準。

大部分「已確認性能限值」的設計數值和實際飛行資料是保密的。但以下幾點可以讓我們多少瞭解一些測試情況：

（1）超音速巡航性能達到預定性能指標。

（2）在0.90馬赫亞音速下的阻力值達到預定性能指標。此外，兩種不同的引擎/機身組合的阻力值也相互一致。

（3）在低升力係數下的超音速阻力值達到預定性能指標。在更高升力係數下沒有取得足夠的資料，無法做出有效比較。

（4）支援載荷各要素達到預定性能指標。

（5）特殊剩餘功率達到預定性能指標。

（6）試飛資料表明加速性能優於預定性能指標，這是因為YF-22A的阻力上升值和跨音速阻力值都比預計中的要低。

（7）全部試飛條件與預計試飛條件的變化範圍不超過3%。

（8）最高速度達到預定性能指標（在1990年12月28日完成）。

（9）在超音速/亞音速狀態下，最大滾轉角速度和特定傾斜角維持時間未達到預定性能指標，但實測資料仍讓人相當滿意。

（10）在打開推力向量的情況下，飛行攻角大於20°時，飛行品質仍為優秀。在關閉推力向量的情況下，飛行品質仍可接受。在任意攻角狀態下都可以進行改出。

（11）飛行實測抖振邊界和最大升力中心高於預定性能指標。

（12）機動穩定性接近預定性能指標。

（13）飛行品質的各項指標均令人滿意，並具有足夠的可調範圍，但仍需對短程起降調度及增益參數進行調整，以提高相應性能。

（14）試飛驗證了在任何油門狀態下引擎和進氣道的優秀相容性。但在試飛中未進行壓縮機失速測試。

（15）AIM-9M導彈和AIM-120導彈的發射不會影響引擎工作。

（16）導彈彈道符合預定值。

（17）武器艙振動和聲學測試結

下圖：YF-23A的翼平面形狀與傳統設計相當不同。

果與風洞測試結果一致。

（18）所有空中啟動測試都是成功的，啟動時間等於或小於設計階段。

（19）實測穩定性導數與基於風洞測試資料確定的設計性能一致。

（20）在試飛中沒有出現顫振，預計在YF-22A的整個性能範圍內都不會出現顫振。

（21）總的來說，氣動飛行資料系統定標與風洞測試結果一致。

在為期3個月的試飛過程中，YF-22A經驗證的各項性能指標範圍為：最大G限範圍超過7G，修正表速從82節到2馬赫以上，最大升限50 000英尺（約合1.5萬米）。這個大膽的試飛計畫的驗證範圍包括超級巡航性能（使用兩種發動機），飛行控制系統開發（特別是推力向量），無論在極低的速度還是極高的超音速下，都表現出無比的機動性能，以及機載武器從內部武器艙進行發射的性能。在有限的時間內，所有主要試飛項目都順利完成，沒有遇到任何大的困難。

從新飛機首次試飛到最後完成各項性能參數的測定，僅用了91天時間，這可以說是現代航空史上前所未有的一個壯舉。同時，還完成了兩台新型引擎以及最新式的座艙/電子體系的測

下兩圖：首架YF-23A的編號為N231YF/87-800。在2000年由美國航空航天局暫時保管於愛德華茲空軍基地/德賴登飛行研究中心。

試。在如此高密度的試飛中，沒有發生任何「外來物損壞」（FOD）或其他安全事故。在試飛程式做出最後結論之前，YF-22A（N22YF）原型機共飛行43架次，累計飛行52.8小時；YF-22A（N22YX）共飛行31架次，累計飛行38.8小時。

試飛完成後的3個月時間，用於複查論證/定型階段成果和審查來自兩個競標集團的《聯合工程開發階段建議書》。其中洛克希德公司的建議書長達20 000頁，重達4 500磅（約2 000千克）。這份建議書在1990年12月31日由一架特殊授權的康維爾（Convair）880運輸機運至位於俄亥俄州的萊特·派特森空軍基地。1991年4月23日，空軍部長唐納德·賴斯（Donald Rice）宣佈，洛克希德-波音-通用動力集團被選中繼續進入工程開發階段（EMD）。同時，普惠公司的YF119-PW-100引擎也被選中進入工程開發階段。賴斯注意到，洛克希德公司和普惠公司很明顯為空軍提供了成本更低而品質更優秀的產品，從而讓空軍實現最大利益。

洛克希德公司和普惠公司在競爭中的勝利，應該歸功於它們技術設計的更高水準以及各自擁有更完善的項目管理計畫。此外，空軍所作的風險評估也指出：洛克希德和普惠公司的設計更有可能實現設計提案中的目標，並且擁有更高效的管理。同時，評估中認為，儘管在成本上的差異不大，但洛克希德和普惠公司的設計更具有成本優勢。

通過以下數位，可以清楚地看到洛克希德集團在論證/定型階段所付出的努力：

- 使用至少9種模型，進行了18 000小時的風洞試驗；
- 進行了3 200小時的雷達散射截面測試；
- 用於設計和分析的時間達到10 000 000工作時；
- 159小時用於航空電子設備飛行實驗室測試；
- 進行了5次主要航空電子設備地面原形驗證；
- 1 100小時用於有人操縱的模擬機測試；
- 400次不同的RM&S驗證；
- 11 000小時用於普惠公司元件測試；
- 3 000小時用於全飽和引擎測試；
- 91.6小時用於YF-22A飛行測試。

此外，洛克希德集團在項目上共投資了6.75億美元，而諾斯羅普集團的投資額是6.50億美元。兩家引擎公司也在各自的專案上花費了1億美元。論證/定型階段的總成本（不含政府成本）是

53.49億美元。

諾斯羅普YF-23A：第一架諾斯羅普YF-23A原型機，編號N231YF，裝備了兩台普惠公司YF119引擎。從諾斯羅普公司的加州霍索恩製造中心由卡車運至愛德華空軍基地，以準備在1990年6月22日正式展出。諾斯羅普公司的試飛員保羅·梅斯在8月27日駕駛這架飛機成功進行了YF-23A的首次飛行。後來，梅斯參加了F/A-22A專案組，為洛克希德·馬丁公司工作。

在9月14日YF-23A的第4次試飛中，YF-23A完成了第一次空中加油。在9月18日，它以1.43馬赫的速度進行了超級巡航性能的驗證。這架飛機在使用加力的情況下，達到1.8馬赫的最高速度。稍後，這架飛機又用於測試武器艙性能，進行了武器艙的聲學測試。攜帶一枚裝備儀錶的AIM-120導彈進行武器艙內部測試，以及在打開武器艙門的狀態下測試飛機的操縱性能。儘管這架飛機擁有實彈發射能力，但並沒有進行實彈發射測試。

第一架YF-23A在11月30日完成了「戰鬥波」專案性能測試，從而結束了試飛程式。當天共飛行了6個架次，飛

右圖和下圖：YF-22A（N22YF）直到現在仍在美國空軍博物館（位於俄亥俄州的萊特·派特森空軍基地），它曾使用的通用電氣公司的YF120原型引擎已被拆除。圖中為YF-22A（N22YX），改裝後作為F/A-22A單級模型。

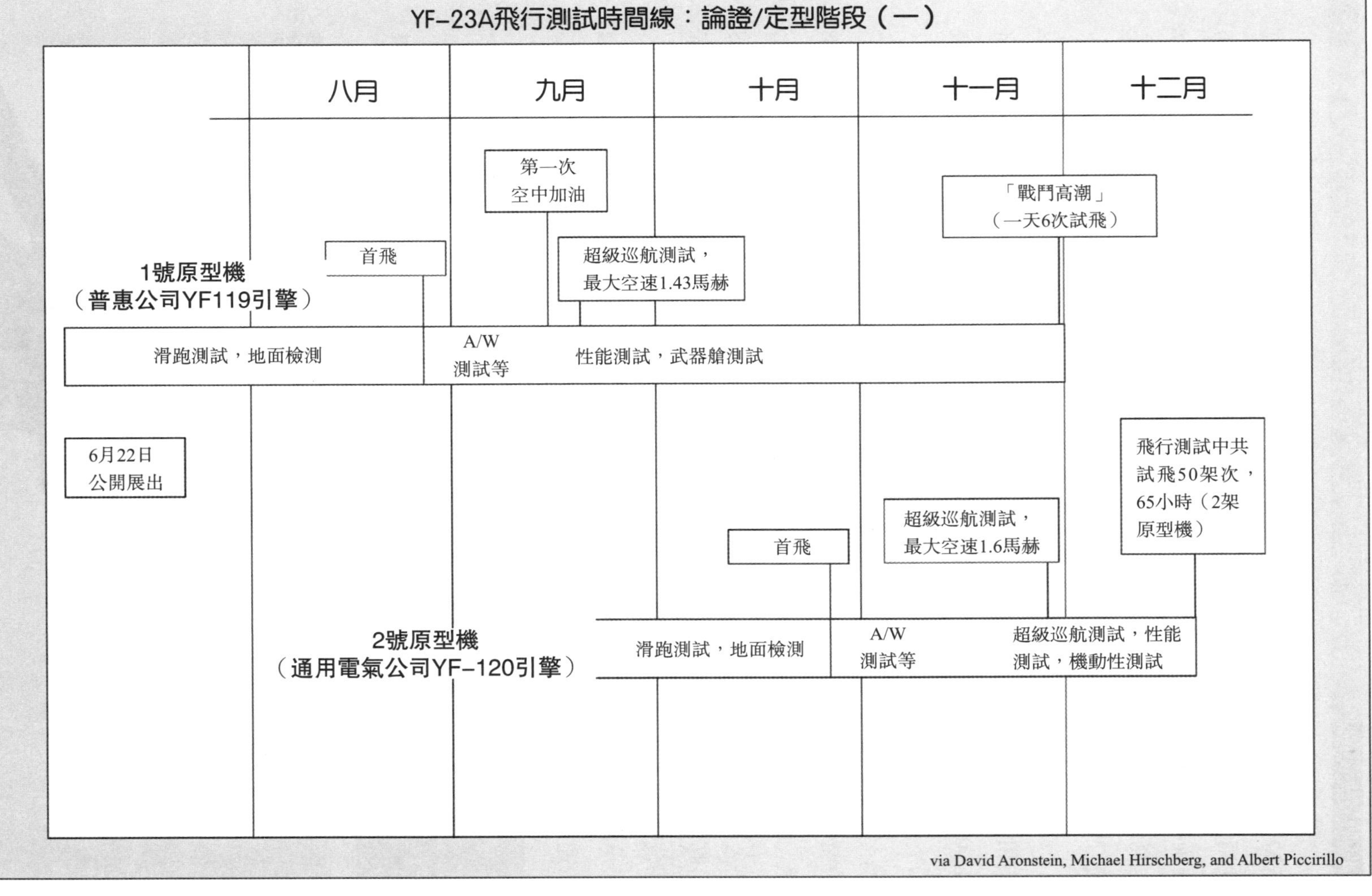

上圖：這張圖表概括了YF-23A的飛行測試程式。

行時間小於10小時。最短的一個架次只使用了18分鐘，進行了模擬導彈和機炮重備狀態測試。著陸後，這架飛機就再也無緣長空，它共飛行了34架次，累計飛行時間43小時。

第二架YF-23A，編號N232YF，使用兩台通用電氣公司的F120引擎，在10月26日由諾斯羅普公司試飛員吉姆·桑德伯格（Jim Sandburg）進行首飛。這架飛機在進行過初始適航性和功能性檢查後，主要被用於進行超級巡航、性能和機動性測試。第二架飛機安裝了新型飛行控制程式。這種程式可以自動優化機翼前緣襟翼的偏轉，而第一架飛機上僅安裝了兩個襟翼定位選件。

這架YF-23A在11月29日以1.6馬赫的速度進行了超級巡航性能的測試。之後不久又進行了25°攻角性能測試（風洞測試資料表明YF-23A可以在60°攻角下保持可操縱性）。這架飛機在12月18日結束它的最後一次飛行。它共飛行了16架次，累計飛行時間22小時。

同YF-22一樣，YF-23在試飛中也出現了一些小問題，包括在11月6日出現引擎熄火。當時飛機上的一條高壓液壓線路中的降壓管出現漏點。

諾斯羅普的兩架YF-23A共飛行了50架次，在104天裡累計飛行時間65小時，其中在超音速巡航性能的測試上花費了7.2小時，分別以1.4和1.6馬赫的速度完成了超級巡航測試。儘管諾斯羅普集團從未公佈YF-23A的技術細節，但測試結果也基本達到試飛前的「已確認各項性能指標」，並達到了空軍的要求。

此外，很多人都注意到YF-23A的

左圖和下圖：第一架F/A-22A工程開發樣機（91-4001）在愛德華茲空軍基地上空。

上圖：在加州的洛克希德・馬丁公司海倫代爾測試場，正在進行F/A–22A雷達散身截面單級模型測試。

大部分性能指標都超過了YF-22A，只有機動性能例外。但YF-23A的戰鬥機動性能也超過了空軍的要求。而且，人們發現YF-23A具有更強的武器性能、更低的機翼載荷、更好的低可見性，而且其更穩定的氣動佈局也適用於軍方所要求的「深度打擊/遮斷」任務。

2004年7月，據透露，諾斯羅普・格魯曼公司考慮使用YF-23A參與空軍正預想的「地區性轟炸機」任務的競標，對手是洛克希德・馬丁公司設計的F/B-22A。2004年初，諾斯羅普・格魯曼公司從加州霍索恩市西部飛行博物館中召回了第二架YF-23A（這架飛機已成為博物館的一件展品），重新把它運回了公司所屬的設施中。時至今天，它仍然在那裡保存著，準備用於展示用途。但據一些消息靈通人士說，新的座艙顯示裝置正被安裝在這架飛機上，同時內部改造也在進行中，從而讓這架飛機完成「地區性轟炸機」的角色整合。

下圖：F/A–22A工程開發樣機（91–4002）裝備螺旋改出傘。

本頁圖：波音757原型機N757A用於F/A-22A系統和硬體測試。

4 開發和生產
EMD and Production

早在驗證/定型（Dem/Val）階段，空軍就開始為下一步的發展制定計劃，從F-22A工程開發樣機的製造到正式生產專案。在1988年，空軍制定了第一份全面的先進戰術戰鬥機採購程式基準，作為專案管理人與國防部採購部門之間的訂約樣本。這份採購程式基準由瑟曼中將（航空系統部負責人）同意，並於1988年5月上報，由空軍採購執行官約翰・韋爾齊（John Welch）簽字。

1989年初，空軍宣佈第一架全尺寸F-22樣機的試飛將延後一年——從1992年延至1993年——以便實現三個目的：①有更充裕的時間，讓日趨成熟的技術發揮作用；②削減併發事件；③整理短期預算。

最終，1989年8月18日，全尺寸F-22樣機（FSD，不久改稱為EMD，即工程與製造開發）的《提案徵求書（草案）》發至武器系統及各承包商，以徵求相關提案。

蘇聯的解體，像一塊石頭投進了

上圖：兩架F/A-22A工程開發樣機（91-4001/91-4002）在愛德華茲空軍基地的洛克希德・馬丁公司停機坪。

池塘，在當時的整個防務系統中激起陣陣「漣漪」。事實上，這個被視為美國利益主要威脅的大國的崩潰，不僅影響先進戰術戰鬥機的合同，更影響了所有的軍事合同。結果，雖然在1991年中期，工程開發（EMD）階段仍按原計劃展開，但低速初始生產的決定被推遲了至少4年（到1996年）。如果原時間表不變，生產應持續到2014年。但原定的生產峰值即每年72架，現在降到了每年48架。結果，每架F-22的預計單機出廠價格（UFC）由原來的4 120萬美元升高到5 120萬美元。

1991年7月末，國家防務採購管理委員會（DAB）宣佈「里程碑2號」決定，即工程開發階段（EMD）的開始。同時，F-22的計畫生產數量由原來的750架調整為648架，並計畫在2012年之前結束生產。同時對新型戰機的系統要求進行了調整，強調需提高電子設備的集成度。另外增加了雙座訓練機（F-22B）的設計。這些調整大大提高了F-22戰鬥機的出廠單價（5 690萬美元）。

工程發展合同於1991年8月3日揭曉，初始合同總值大約為110億美元。其中，洛克希德公司獲得了95.5億美

下圖：在喬治亞州的洛克希德・馬丁公司的瑪麗埃塔製造中心，F/A-22A工程開發樣機91-4001正在最後組裝中。

元的合同，而普惠公司則獲得了13.75億美元的合同。在最初的工程開發（EMD）計畫中，需要生產13架F-22機身以供測試，包括9架單座機、2架雙座機，另有一架用於靜態測試，一架用於飛機疲勞測試。1993年，這一數字被削減到9架機身：7架單座機和2架雙座機。到1998年，工程開發（EMD）計畫則調整為全部使用單座機。

F-22戰鬥機的外部模線在1991年10月定型。12月16日全部外部設計定型。相應的，測試模型的製造可以開始，以用於風洞和雷達散射截面測試。內部設計即將完成，生產前的準備工作也蓄勢待發。計畫在1992年12月開始生產第一架F/A-22A工程開發樣機。第一批工程開發樣機生產結束後，將產生4架「預生產驗證機」（即用於初始作戰測評的F-22A）。

1991年1月，洛克希德公司把它的F-22項目組總部從加州的伯班克市搬到了喬治亞州的瑪麗埃塔市。到1992年，在洛克希德公司3 500 000平方英尺（約合32.5萬平方米）的主生產大樓（B-1）的西南角開始鋪裝190 000平方英尺（約合1.77萬平方米）的F-22自動化生產線。這條生產線旁邊是長長的C-130運輸機生產線。在超過40年的時間裡，這條C-130生產線一直佔據著瑪麗埃塔製造中心。但不久後，F-22自動化生產線的鋪裝因各種困難過於昂貴和耗時，這條C-130生產線被改裝為一條更傳統的（240 000平方英尺，約合2.23萬平方米）非自動化生產線，用於生產F-22。與此同時，洛克希德公司又在卡羅萊納州南部的查爾斯頓市建造了一個138 000平方英尺（約合1.28萬平方米）的膠接技術分廠。

1991年夏末，洛克希德公司計畫繼續進行第二架YF-22A（N22YX，裝備了普惠公司原型引擎）的飛行測試工作。論證/定型階段試飛結束後，這架飛機又一次飛上藍天——1991年10月30日，飛行員湯姆・摩根菲爾德駕機起飛。接下來的試飛工作仍在愛德華茲空軍基地進行，共準備進行大約25次、累計100小時的額外試飛時間，以拓展YF-22A的性能限值（飛行包線），並對選定的性能區段進行詳細測試。其中有大約10次飛行用於考察在大機動荷載下的額外氣動載荷（武器艙門打開或關閉狀態）。另一些飛行則用於考察低空/高速性能限值、顫振測試、大攻角機動飛行以及載荷測定工作。同時，還進行了導彈試射。

不幸的是，1992年4月25日發生了一起著陸事故。當時，由飛行員摩根菲爾德駕機。這次事故讓試飛程式半

波音757空中測試平臺結構圖

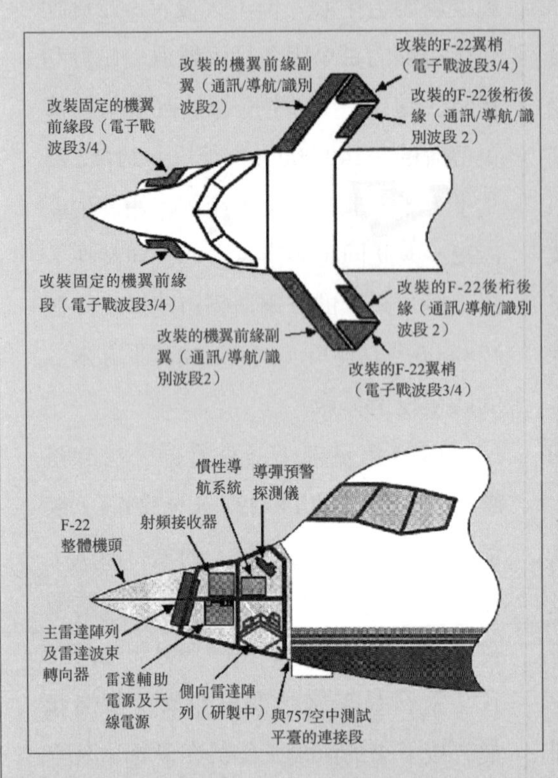

上圖：波音757空中測試平臺在F/A-22A研發系統中扮演著必不可少的角色。圖為空中測試平臺的內部和F/A-22主要儀器儀錶操縱板。

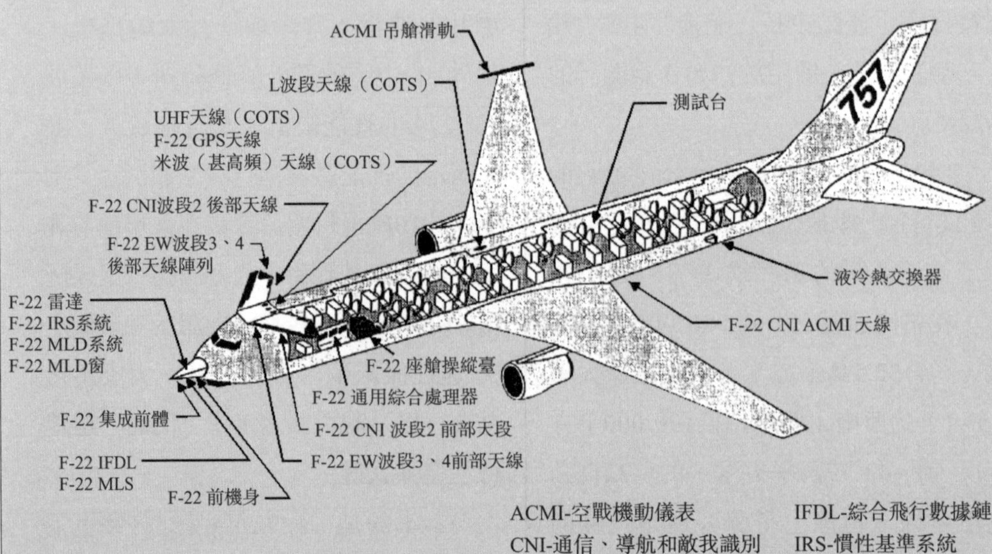

ACMI-空戰機動儀表
CNI-通信、導航和敵我識別
EW-電子戰
GPS-全球定位系統
IFDL-綜合飛行數據鏈
IRS-慣性基準系統
MLD-導彈預警探測器
MLS-微波著陸系統

上圖：第二架F/A-22A工程開發樣機91-4002在1998年2月10日正式展出前。

途而廢，但當時已經完成了超過60小時的工程開發相關飛行測試。在著陸過程中，距跑道大約40英尺（約12米）高時，飛機出現了一連串的俯仰振動。接著，飛機在未伸出起落架的情況下摔在跑道上，向前滑行了大約8 000英尺（約2 400米）並起火燃燒。飛行員及時彈出，沒有受傷，但這架YF-22A因撞擊和起火而嚴重損毀。讓這架飛機重新恢復適航性，既不現實，也不划算。但萬幸的是，發生這起事故的時候，大部分論證/定型階段後的試飛項目已經完成。這架飛機的總飛行時間為100.4小時。

人們對它進行修理，但沒有恢復它的飛行能力。它的內部體系經過重新架構，不再作為工程開發階段的試飛機，而被運到位於紐約州的格裡菲思空軍基地，作為羅馬航空發展中心的一架天線測試平臺。

這次事故後，人們開始仔細檢查YF-22A的飛行控制系統演算法控制規則和控制規則設計方法。摩根菲爾德的著陸操作完全符合規程。YF-22A的控制系統得到改進，後來，這項改進也應用到F-22的生產上。第一架YF-22A（編號N22YF，裝備通用電氣公司引擎）在完成愛德華茲空軍基地的測試任務後被拆去部分零件。1991年6月23

左圖：F/A-22A（91-4001）在愛德華茲空軍基地上空進行橫滾機動。

下圖：F/A-22A（91-4002）在垂直尾翼上有獨特的標誌，正在愛德華茲空軍基地上空進行飛行測試，但為時不長。

上圖：1997年9月7日，F/A-22A（91-4001）正在進行首飛。後面的飛機為F-16B，軍用編號78-0088。

本頁圖：第二架F/A-22A工程開發樣機（91-4002）正在進行螺旋測試。一個螺旋改出傘位於飛機尾部，可由飛行員控制彈出。改出傘直徑28英尺（約合8.5米），彈出後距座艙125英尺（約合38米）。

日，由一架洛克希德的C-5A運輸機運至喬治亞州瑪麗埃塔製造中心。在那裡，它作為一台全尺寸模型機，用於系統/硬體集成測試。後來，它被重新噴漆，並被塗上了酷似第二架YF-22A（N22YX）的徽標（在進氣道側面塗上普惠公司的標誌等）。 接著，通用電氣的引擎被拆下並裝上了普惠公司的引擎。在完成工程開發階段一體化多用途通用後勤裝備專案後，這架飛機就被移交給俄亥俄州萊特·派特森空軍基地的美國空軍博物館。在那裡，它成為一架重要展品。

F/A-22A戰鬥機工程開發階段及後續階段的重要事件時間表如下：

1992年

- 4月25日，第二架YF-22A（裝備普惠F119發動機）在愛德華茲空軍基地著陸時墜毀。
- 6月4日，F-22的設計審查修正過程正式完成。
- 6月30日，對於F119工程開發測試引擎的關鍵設計審查（CDR）完成。

下圖：第一架和第二架F/A-22A工程開發樣機（91-4001/91-4002）在愛德華茲空軍基地試飛場上空進行編隊飛行。

- 10月22日，空軍發佈了針對墜機事件的調查報告。
- 12月17日，第一台F119引擎工程開發樣機進行首次測試。

1993年

- 1月，考慮到1993財政年度的資金短缺情況，空軍決定重新確定工程開發階段的時間表。關鍵時間點被延後6至18個月。引擎和飛機的計畫生產數量再次下調。F-22A工程開發樣機的生產數量下調到9架工程開發樣機，F119引擎的生產數量下調到27台。一年後，空軍再次重新確定工程開發階段時間表，F-22A的生產時間表和列入作戰序列的時間表都再一次後延。
- 3月1日，洛克希德公司正式收購通用動力公司沃思堡分部。這次15億美元的收購行動，讓洛克希德公司對F-22項目的控股權從35%提高到67.5%，而波音公司持有32.5%的股權。
- 4月26日，洛克希德公司開始搬進位於瑪麗埃塔的L-22大廈。
- 4月30日，完成了飛機基本設計審查，開始細節設計的最後開發階段。
- 5月25日，通過一份650萬美元的合同，F-22戰鬥機主武器艙和機載電子系統具備了攜帶新型AIM-9X導彈和標準的1 000磅（454千克）級GBU-32聯合直接攻擊炸彈（JDAM）的能力。
- 5月，空軍正式決定F-22應具備對地攻擊能力。
- 12月8日，第一架F-22A（'4001）工程開發樣機在波音公司華盛頓州肯特市製造中心開始組裝。亞伯特·法雷勒（Albert Ferara）——波音公司肯特製造中心的一名銑床工，開始加工鈦合金前部機身內龍骨板（八塊之一）。

1994年

- 2月10日，F-22的採購數量正式由648架下調到442架。兩架F-22B的原定生產任務被取消，改為生產單座的F-22A。
- 3月4日，F-22A 空軍工業設計小組宣佈已經發現了F-22在雷達散射截面上的一些缺陷。這些缺陷是通過一種新的電腦模型技術發現的。春末時，經過繁重的內部工作，研發人員彌補了這些設計缺陷。彌補措施是減少飛機下部排水孔的數量並結合優質維修面板。
- 11月，F119飛行測試引擎長期設備採購專案啟動。
- 12月9日，國防部長威廉·佩里（William Perry）宣佈國防現代化項目進行80億美元的預算調整。這導致空軍第三次重新制定F-22專案的時間表。

1995年

- 2月24日，關鍵設計審查正式結束。對於軟體和系統進行了大約231項審查。採用洛克希德·馬丁公司的645模型機作為生產架構的官方審查用機（替代了原來使用的639模型機）。
- 3月15日，洛克希德公司和馬丁·瑪麗埃塔公司正式合併。原通用動力公司沃思堡分部成為新的洛克希德·馬丁公司中的航空系統分公司。
- 4月20日，洛克希德·馬丁公司與空軍簽訂價值950萬美元的為期兩年的合同，用於開發F-22的派生機型，包括一種「敵對防空壓制」機型、一種非致命性防空壓制機型、一種偵察機型、一種攻擊/遮斷機型、一種預警機型。

下圖：第三架F/A-22A工程開發樣機（91-4003）也授命駐紮於愛德華茲空軍基地，並在太平洋導彈試驗場上空進行AIM-9和AIM-120導彈試射任務。

- 6月2日，在沃思堡製造中心開始第一架F-22中部機身的裝配。
- 6月27日，第一架適航型F-22工程開發樣機（相對靜態實驗型）在喬治亞州的洛克希德·馬丁公司瑪麗埃塔製造中心開始組裝。
- 1995年中期，為了對YF-22A的基本設計進行優化調整，洛克希德·馬丁公司已經進行了16 930小時的風洞測試。在遍佈全美國的14處試驗設施中，共使用了大約23種模型。正是這些測試，使「645架構」成為F-22的最終定型，並將投入生產。在風洞測試中，主要考察了6大類項目：氣動荷載和武器艙聲學；進氣道與引擎的相容性；作戰/機動性能；進氣道結冰情況；穩定性/操縱性/飛行品質；武器和彈艙分離。另外，洛克希德·馬丁公司還計畫在1995年到1997年間進行900個小時的風洞試驗，大部分用於測試武器和彈艙分離問題。
- 7月，普惠公司通過對F119引擎渦輪結構的驗證，進一步提高了燃料效率，並解決了渦輪葉片振壓問題。
- 10月4日，波音公司開始對第一架F-22後部機身和機翼的組裝工作。
- 11月2日，第一架F-22的前部機身整體組裝工作在瑪麗埃塔製造中心開始。

1996年

- 1月17日，波音公司開始組裝第一套機翼元件。
- 2月，F-22的飛行控制系統控制規則軟體在洛克希德·馬丁公司的VISTA NF-16D飛機上進行飛行測試。飛行控制規則的考察分兩大類共21個架次進行，累計飛行時間26.8小時。
- 5月6日，普惠公司開始組裝第一台F119-PW-100飛行測試引擎。
- 7月9日，普惠公司在康奈提格州米德爾頓市舉行了「最後一顆螺釘」儀式，以慶祝第一台F119飛行測試引擎的組裝完成。
- 7月10日，機身小組接到來自空軍的正式通知，要求推遲雙座的F-22B的設計和開發。 原定的兩架F-22B工程開發樣機的生產任務更改為生產兩架

下圖：F/A–22A工程開發樣機（91–4003）在橫滾機動中試射一枚「響尾蛇」導彈。

上圖：第二架F/A-22A工程開發樣機（91-4002）在愛德華空軍基地上空進行試飛。僅前三架F/A-22A工程開發樣機（91-4001/91-4002/91-4003）裝備了飛行測試機頭懸杆。

單座F-22A。至此，在工程開發階段計畫生產的9架F-22均為單座機。

- 8月29日，洛克希德·馬丁戰術飛機系統（LMTAS）慶祝第一架F-22中部機身的完成。
- 9月6日，第一架適航型F-22A（Ship 1）的中部機身經過4天的卡車運輸，由沃思堡抵達瑪麗埃塔製造中心。
- 9月24日，普惠公司宣佈，第一台F119-PW-100飛行測試引擎已經交付給空軍。這台引擎先被運至田納西州的阿諾德空軍基地進行測試，稍後被運至瑪麗埃塔製造中心。

- 10月1日，諾斯羅普·格魯曼公司（前西屋公司）宣佈第一台開髮型AN/APG-77電子掃描有源相控陣雷達已經開始進行系統層集成和測試。

- 10月8日，頭一批共兩台普惠F119飛行測試引擎由卡車運至瑪麗埃塔製造中心。
- 10月16日，第一架F-22A的後部機身由一架洛克希德C-5運輸機運輸，由波音公司抵達瑪麗埃塔製造中心。同一天，第一架F-22A（'4001）的機身組裝開始。
- 10月27日，第一架F-22A的完整機身從機身組裝工作區吊轉到機翼組裝工作區。
- 11月9日，F-22A的機翼從波音公司運抵瑪麗埃塔。 兩天后，開始機翼組裝工作。
- 12月20日，F-22A（'4001）首次通電。

1997年

- 1月21日，第一架F-22A左部垂直尾翼安裝完成。
- 1月24日，在第一架F-22A上進行了F119引擎的適裝性測試。
- 1997年初，4架F/A-22A預生產驗證機（PPV）的生產任務被取消。原生產計畫為：2架YF-22A、1架靜態測試用F-22A、1架疲勞測試用F-22A、9架F-22A工程開發樣機。這些生產任務完成後，繼續生產4架F-22A預生產驗證機。
- 2月6日，第一架F-22A右部垂直尾翼安裝完成。
- 2月17日，完成了F119引擎的耐力測試。
- 2月，F-22滑車測試一體化產品小組（IPT）在新墨西哥州的霍洛曼空軍基地成功完成了空軍彈射坐椅的飛行安全測試項目。

這個專案為期6個月，正式名稱為機身相容性滑車測試專案，包括一系統的逃生系統測試，使用了麥道公司生產的ACES Ⅱ型彈射坐椅，配

下圖：F/A-22A的副油箱用於轉場和超遠程任務。圖中為F/A-22A工程開發樣機（91-4003）在進行副油箱分離測試。

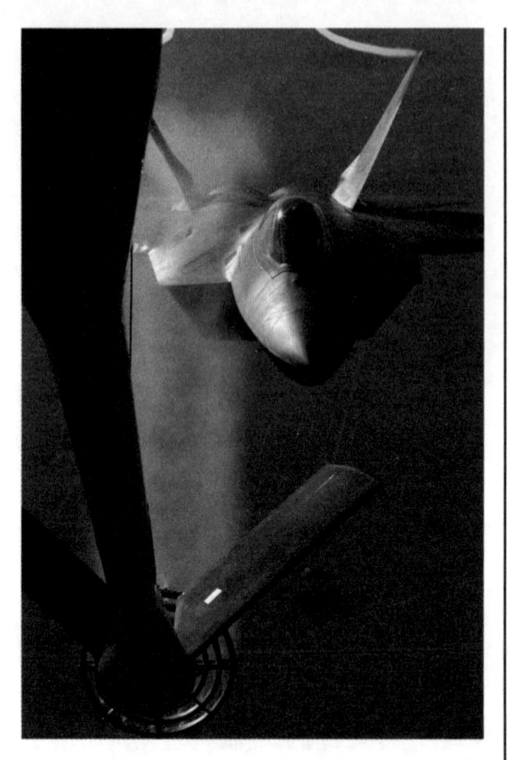

上圖：早在20世紀90年代初就在風洞測試中進行了結冰試驗，該試驗到2004年結束。圖中為標準型F/A-22A（01-4022）。

備監控儀器的小型（130磅）和大型（208磅）類比乘員，動力工程有限公司製造的F-22前部模擬機身和空軍多軸坐椅彈射（MASE）火箭滑車。測試包括：拋棄座艙蓋測試；零速度、零高度（零-零）彈射測試；275節空速下彈射測試；325節空速下彈射測試；450節空速下彈射測試；600節空速（最大速度）下彈射測試。

- 3月6日，第一架F-22A（'4001）被轉移到「安靜屋」（建有B-22引擎吸音設施），在那里加注燃油並進行引擎試車。
- 3月31日，空軍同意F119-PW-100引擎進行初始飛行交付。
- 4月9日，第一台F-22A工程開發樣機（'4001），官方命名為「猛禽」（在1991年曾命名為「超星」，但那次命名未被接受），在瑪麗埃塔市首次向公眾展出。
- 1997年5月，四年一度的防務審查報告，將F-22A的計畫生產量再次降低到339架（包括8架生產典型性測試機），甚至一些人要求將產量下調至180架。
- 6月10日，空軍正式批准普惠公司的F119-PW-100引擎的初始飛行交付。
- 8月16日，第一架F-22A（'4001）完成低速滑跑測試。
- 9月5日，完成高速滑跑測試。
- 9月7日，第一架F-22A工程開發樣機（'4001）成功完成了第一次飛行（雖然因為油料洩漏和部件異常耽誤了幾周時間）。這次飛行由洛克希德公司的飛行員保羅·梅斯駕機。飛機從瑪麗埃塔製造中心起飛，共飛行了58分鐘，最大空速達到每小時288英里（460千米）。飛行中進行了操縱性測評，並完成了一次動力模擬進場。在試飛過程沒有發生重大故障。

官方宣佈這次首飛絕對成功。

- 9月14日，這架F-22A進行了第2次飛行，飛行時間35分鐘，飛行任務成功完成。飛行員為喬恩・比斯利。這次飛行後，這架飛機進行了一些小的結構調整。接著，它被送進結構測試裝置，進行靜態測試和應變儀校準。
- 11月11日，美國《大眾科學（Popular Scioucc）》雜誌宣佈F-22A戰鬥機為「1997年百佳科技新產品」。
- 11月展開航空電子設備測試，其中包括在波音757測試平臺上測試F-22A戰鬥機上的AN/APG-77相控陣雷達。同時，還測試了用於控制雷達基本搜索和追蹤模式的軟體系統（Block 1）。

1998年

- 2月5日，第一架F-22A由一架洛克希德公司的C-5B運輸機運至愛德華茲空軍基地，以便在空軍飛行測試中心的指導下繼續進行飛行測試。
- 2月10日，第二架F-22A在瑪麗埃塔製造中心展出。
- 3月31日，第一架YF-22A（N22YF）正式成為俄亥俄州代頓市美國空軍博物館的一件展品。
- 5月17日，第一架F-22A在愛德華茲空軍基地開始正式試飛。這是這架飛機的第3次試飛。
- 6月29日，第二架F-22A（'4002）在瑪麗埃塔製造中心成功進行了首飛。
- 7月30日，第一架F-22A在愛德華茲空軍基地完成了第一次空中加油。
- 8月26日，第二架F-22A（'4002）從喬治亞州的瑪麗埃塔製造中心直飛至位於加州的愛德華茲空軍基地，飛行員為史蒂夫・雷尼中校（Steve Rainey）。
- 10月10日，F-22A（'4001）進行了「猛禽」的第一次超音速飛行。
- 11月12日，機載電子設備管理軟體（Block 2）最終版的關鍵設計評審完成。
- 11月23日，在波音757飛行測試平臺上應用了第一套一體化產品軟體系統（Block 1）。同一天，洛克希德・馬丁公司完成了國會強制要求的183小

下圖：F/A-22A已經證明能夠使用內部武器艙掛載AIM-9和AIM-120導彈。

上圖：F/A–22A（91–4002）正在發射一枚AIM–9導彈。

時試飛時限。

- 12月末，完成了183小時飛行時限後，空軍發佈了1.955億美元合同用於工程項目進展，包括第一批6架低速初始生產機（Lot1 LRIP）以及其他長期項目。到1999年中期，由於國會解決了資金問題，這幾架低速初始生產機（LRIP）又被改為生產典型性測試樣機（PRTV）。
- 12月7日，機載電子設備軟體（Block 2）被交付給波音公司，用於在飛行測試平臺進行測試。

下圖：F/A–22A（91–4002）正從主武器艙發射一枚AIM–120導彈。

- 12月，國會批准了一份價值5.03億美元的合同，用於兩架典型性測試樣機的生產及相關F-22A專案技術研發。
- 同年，進行了通訊/導航/敵我識別（CNI）和電子戰系統測試。這一測試使用了位於沃思堡的頂置式系統，對單級式全尺寸F-22A模型進行測試（CNI）。測試在1999年完成。其後，通過飛行測試平臺對CNI（通訊/導航/識別）和EW（電子戰）系統進行實際環境測試。在波音757飛行測試平臺上共使用了3個通用綜合處理器（CIP）對F-22A的軟體系統進行1 400小時的飛行測試。
- 年末，在飛行測試平臺上安裝了鴨式翼，用於等角天線的測試。

1999年

- 2月15日，在華盛頓州西雅圖市的航空電子設備綜合實驗室，洛克希德・馬丁公司桑德爾分部交付了第一

上圖：在新墨西哥州的霍洛曼空軍基地，利用F/A–22A的前部機身進行彈射坐椅測試。

台AN/ALR-94電子戰系統。

- 3月11日，波音公司開始在波音757空中測試臺上對第一套等角天線電子設備部件進行測試。
- 4月5日，湯姆・伯比奇（Tom Burbage）離開F-22A聯合專案辦公室，成為洛克希德・馬丁航空系統部總裁。
- 4月26日，鮑勃・勒登（Bob Reardon）成為洛克希德・馬丁航空系統部副總裁和F-22A聯合專案辦公室總經理。
- 4月29日，F-22A工程開發樣機（'4002），首次在主/側武器艙門打開的狀態下進行飛行。
- 5月4日，F-22A工程開發樣機（'4002）完成了F-22A專案第100架次的試飛。
- 7月13日，眾議院撥款委員會建議，在F-22A項目2000財政年度原定30億美元的財政預算中，應削減18億美元。 委員會強調的理由是，F-22A的

下圖：F/A–22A作戰測評機隊在加州的帕姆代爾製造中心的停機坪上。

上圖：F/A-22A工程開發樣機（91-4003）從主武器艙內投下一枚1 000磅（合454千克）級聯合直接打擊炸彈。每架F/A-22A的主武器艙可掛載2枚這種炸彈。

右圖及下圖：F/A-22A工程開發樣機（91-4004）於2004年在沃思堡作短暫停留和展出。

本頁圖：F/A−22A工程開發樣機（91−4005）的三幅照片。（可能）全部攝於2004年，這架飛機在華盛頓州西雅圖市的波音公司機場作短暫停留。

單架價格在大幅度增加。這項預算削減案被批准，但後來又撤銷了大約5億美元的預算削減，具體削減額度將視F-22A特定階段目標的完成情況而定。

- 7月21日，F-22A工程開發樣機（'4001），首次在不打開加力的情況下，進行了3分鐘超音速飛行，從而完成了超級巡航能力試飛（速度達到1.5馬赫，即每小時大約1 600千米）。
- 8月25日，F-22A工程開發樣機（'4002）進行了60°大攻角飛行測試。
- 9月25日，一架非適航型靜態載荷測試機身（'3999，在工程樣機'4002與'4003之間生產）完成了設計極限載荷測試，另有一架非適航型疲勞測試機身（'4000，在工程樣機'4003與'4004之間生產）。3999號機身在1998年7月組裝，於1999年1月完成。接著，被運至瑪麗埃塔製造中心結構測試設施之中，在3月開始了載荷測試。原定的全部靜態測試於2002年5月完成。其中「首輪使用週期」疲勞測試於5月17日結束，其後，馬上展開了第二輪「全壽命週期」測試的準備工作。測試使用F-22A疲勞測試機身（'4000），模擬20年的使用週期（相當8 000飛行小時）。每次生命週期測試相當於超過120萬次壓力事件（相當於9G的機動狀態）。這架飛機將進行兩倍於其設計壽命週期的疲勞測試，即相當於16 000小時的飛行時間。

下圖：F/A-22A（91-4005）作戰測評機在2004年愛德華基地舉行的空展中掠過基地上空。

- 11月23日，完成了在KC-10加油機上的空中加油測試。
- 12月21日，F-22A累計試飛時間達500小時。
- 到12月間，F-22A項目共進行了126架次飛行測試，累計飛行時間641.9小時。其他用於F-22A飛行測試平臺的飛機還有羅克韋爾的T-39（目的機）以及洛克希德的T-33（空中校準機）。這兩種飛機的部分測試於1998年開始。

2000年

- 3月26日，第三架F-22A工程開發樣機（'4003）在瑪麗埃塔製造中心進行首飛，飛行員為沙克・基爾伯格

上圖：在2004年空展中，F/A–22A作戰測評機正從愛德華茲空軍基地起飛。照片顯示了主起落架向上、向外收起的過程。

上圖：F/A–22A工程開發樣機（91–4006）在吸波室內進行測試，考察飛機的雷達散射截面性能和其他電磁性能。

上圖：F/A–22A工程開發樣機（91–4006）和一架X–35B（短程起降型X–35，軍用編號「301」）在愛德華茲空軍基地的停機坪上。

左圖：F/A-22A工程開發樣機（91-4007）在愛德華茲空軍基地上空的一次試飛中正在監控一架F-16A（83-1082）進行空中加油。加油機為KC-10A（84-0185）。

下圖：F/A-22A工程開發樣機（91-4002）在愛德華茲空軍基地上空，處於主武器艙門全開狀態。

上圖：F/A-22A工程開發樣機（91-4007）正從主武器艙內發射一枚AM-120導彈。F/A-22A主武器艙可掛載6枚AIM-120導彈。

上圖：F/A-22A工程開發樣機（91-4008）在愛德華茲空軍基地試飛場上空。這架飛機先用於雷達散射截面測試，後成為作戰測評機隊的一員。

下圖：愛德華茲空軍基地的洛克希德·馬丁飛行測試和技術支持機庫，4架F/A-22A正在維護中。

（Chuck Killberg）。

- 3月15日，第三架F-22A工程樣機（'4003）從瑪麗埃塔製造中心直飛到愛德華茲空軍基地，飛行員為比爾·克雷格（Bill Craig）。
- 4月24日，開始在飛行測試平臺上測試桑德爾Block 3S軟體。實際上，3S軟體是Block 3.0的早期版本。這套軟體於8月11日交付給波音公司，並於9月中旬開始測試。
- 5月，在兩架F-22A工程樣機（'4001/'4002）的座艙蓋上發現了細微的裂紋。為此，空軍暫時停止了飛行測試程式。其後，在6月5日，F-22A（'4002）在一定約束條件下重新開始飛行測試。
- 7月25日，F-22A（'4002）成功試射了一枚「響尾蛇」導彈，這是F-22A的第一次導彈發射測試。當時速度為0.7馬赫，高度為20 000英尺（約6 000米）。試射地點為加州的唐人湖海軍武器測試中心。導彈由F-22A（'4002）的左側武器艙射出。飛行員為沙克·基爾伯格。
- 8月19日，空軍同意把廷德爾空軍基地的部分F-15訓練計畫更改為F-22A訓練計畫。這次更改從2003年開始，在5年中更換基地內的60架F-15，相應進行設施改造，同時增加400名訓練和維護人員。
- 8月22日，4002號F-22A由喬恩·比斯利駕駛，成功完成了大攻角下武器艙門開啟狀態的飛行特性測試。
- 9月30日，波音公司完成了對機載電子設備軟體系統（3.1版本）的設計審查工作。
- 10月24日，大衛·「道克」·納爾遜中校駕駛F-22A（'4002）完成了「猛

下圖：F/A-22A（99-4011/91-4008/91-4007/91-4005），在愛德華茲試飛場進行編隊飛行。其中，F/A-22A（4011）的尾翼上帶有「OT」尾碼，而其他三架飛機帶有「ED」尾碼。（洛克希德·馬丁公司）

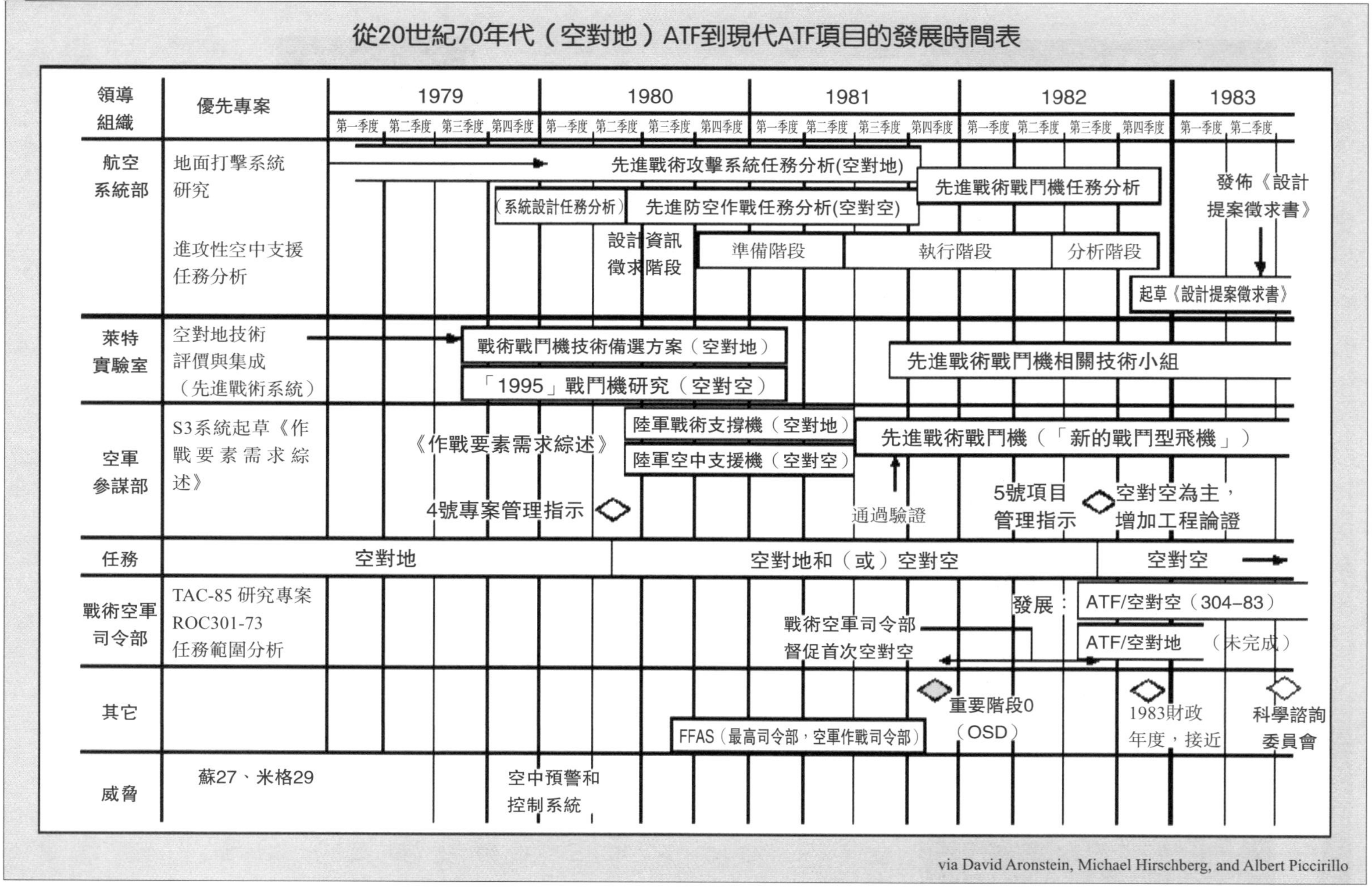

從20世紀70年代（空對地）ATF到現代ATF項目的發展時間表

領導組織	優先專案	1979–1983（各年第一季度至第四季度）
航空系統部	地面打擊系統研究；進攻性空中支援任務分析	先進戰術攻擊系統任務分析(空對地)；（系統設計任務分析）；先進防空作戰任務分析(空對空)；先進戰術戰鬥機任務分析；設計資訊徵求階段；準備階段；執行階段；分析階段；起草《設計提案徵求書》；發佈《設計提案徵求書》
萊特實驗室	空對地技術評價與集成（先進戰術系統）	戰術戰鬥機技術備選方案（空對地）；「1995」戰鬥機研究（空對空）；先進戰術戰鬥機相關技術小組
空軍參謀部	S3系統起草《作戰要素需求綜述》	《作戰要素需求綜述》；4號專案管理指示；陸軍戰術支撐機（空對地）；陸軍空中支援機（空對空）；通過驗證；先進戰術戰鬥機（「新的戰鬥型飛機」）；5號項目管理指示；空對空為主，增加工程論證
任務		空對地；空對地和（或）空對空；空對空
戰術空軍司令部	TAC-85 研究專案；ROC301-73；任務範圍分析	戰術空軍司令部督促首次空對空；發展：ATF/空對空（304–83）；ATF/空對地（未完成）
其它		FFAS（最高司令部，空軍作戰司令部）；重要階段0（OSD）；1983財政年度，接近；科學諮詢委員會
威脅	蘇27、米格29	空中預警和控制系統

via David Aronstein, Michael Hirschberg, and Albert Piccirillo

上圖：這份張圖表說明了先進戰術戰鬥機的發展過程，從「空對地」階段到今天的ATF專案。

上圖：2004年，愛德華茲空軍基地的F/A-22A（99-4010），垂直尾翼上帶有「OT」尾碼。

禽」首次先進中程空對空導彈的試射。試射速度為0.9馬赫，高度15 000英尺（約4 500米）。同時，空軍計畫再進行60次類似的試射實驗。

- 10月31日，普惠公司成功完成了F119引擎的2150 TACx的1/2全熱部件壽命週期測試。 測試中，共進行了2 168次累積迴圈（相當於大約5年的使用週期）。
- 11月2日，F-22A工程開發樣機（'4001）從愛德華茲空軍基地轉場至俄亥俄州的萊特·派特森空軍基地。在那裡的實彈測試中，它將擔任一個靶機的角色，從而測試F-22A的戰場生存能力。
- 11月7日，成功完成了飛機生產的最後準備審查工作。
- 11月11日，F-22A工程開發樣機（'4008）的機翼和尾翼安裝完成。
- 11月15日，F-22A工程開發樣機（'4004）完成首飛。這架飛機將作為機載電子設備測試平臺。這次飛行由

下兩圖：F/A-22A（99-4010）於2004年在華盛頓州西雅圖市的波音公司機場上暫停後，轉場至愛德華茲空軍基地，參加在那裡舉行的公開參觀日活動。

飛行員布拉特・柳克（Bret Luedke）駕駛。這架飛機已經在當年6月進行了公開展出。但由於機載設備的調試定型，直到11月才完成首飛。

- 12月21日，防務採購委員會宣佈，對於首批F-22A低速初始生產合同的最終審查截止日期延後到2001年1月3日。同一天，靜態測試機身（'3999）完成了測試任務，從而確定了原型機飛行包線擴展值。由於11月份測試架損壞，導致了靜態測試延期完成。同一天，疲勞測試機身（'4000）開始測試。
- 12月30日，洛克希德・馬丁公司獲得一份大約13億美元的合同，用於生產6架F-22A生產典型性測試機（第二批，PRTV 2）。同時，空軍為一個早期合同追加了1.955億美元，用於長期項目研發。另外，還簽署了一份2.771億美元的長期專案合同，用於低速初始生產階段的第一批10架F-22A的生產。同一天，普惠公司也得到了一份1.8億美元的合同，用於生產12台F119引擎。這時國會確定的F-22A項目成本上限為380億美元。
- 由於不斷在結構、系統和軟體上出現故障，原定于當年完成的590小時飛行測試任務，僅完成了324小時。

2001年

- 1月3日，由於惡劣天氣的影響，有3到11項關鍵測試項目無法完成，防務採購委員會第二次宣佈，將低速初始生產的首批飛機合同的最後審查期限延後。同月，空軍與洛克希德・馬丁公司又簽訂了3.53億美元的過渡合同，用於保證F-22A項目順利進行到3月。

下圖：F/A-22A（99-4010）在長距離飛行中進行空中加油。

- 1月5日，在幾天的惡劣天氣後，F-22A工程開發樣機（'4005）於當日完成首飛。飛行員為蘭迪・內文爾（Randy Nevile）。F-22A在此次飛行中首次裝備了適戰型機載電子系統。 Block 3.0軟體的功能包括雷達處理和感測器融合，電子戰和反電子戰，通信、導航和敵我識別。
- 1月30日，F-22A工程開發樣機（'4004）轉場至愛德華茲空軍基地。
- 2月5日，F-22A工程開發樣機（'4006）完成首飛。飛行員為阿爾・諾曼（Al Norman）。到這天為止，這架F-22A已可用于雷達散射截面測試，並最終順利通過了這些測試。

下圖：2004年，F/A-22A（99-4010）在愛德華空軍基地著陸後進行滑跑。請注意其兩個舵面均向內彎，以起到減速板的作用。

- 3月11日，F-22A工程開發樣機（'4005）轉場至愛德華茲空軍基地。
- 3月，總審計署發佈報告指出F-22A在試飛中所表現出的性能還遠不能達到國防部預計的武器系統性能標準。報告也指出F-22A的結構和設計上都缺乏穩定性，並建議在初始作戰測評結束之前，將F-22A的生產量限制在每年10架以下。
- 3月19日，在洛克希德・馬丁公司德克薩斯州沃思堡製造中心開始組裝第一架低速初始生產階段的F-22A（'4018）。
- 晚春時候，F-22A出現了垂直尾翼抖振問題，且短期內無法解決。這可能縮短F-22A的疲勞壽命期。在1999年7月，就有人發現了這一問題。它是由於在進氣道和機身內向接頭處產生的渦流引起的。在翼身接合部產生的

第二個渦流迫使第一個渦流對垂直尾翼造成擠壓。紊流對尾翼的壓力大於尾翼的設計抗壓值，因此引起了抖振。於是，設計人員對F-22A進行了一系列試飛（其中包括「喬克」特技），以確定問題根源。結果發現這一問題會出現在特定高度和速度下且攻角大於18°時。為了解決這一問題，設計人員對軟體系統進行了改進，同時加強了結構強度（將原為複合材料的尾梁改為鈦合金結構）。在2003年財政年度中，空軍準備購買的全部23架F-22A都將採用新的結構進行生產。

- 4月17日，F-22A在每秒60°的滾轉角速度下成功試射了一枚「響尾蛇」導彈。
- 4月18日，F-22A項目完成了第1 000小時的試飛。
- 5月17日，F-22A工程開發樣機（'4003）創造了F-22A的速度新紀錄。
- 5月18日，F-22A工程開發樣機（'4006）轉場至愛德華茲空軍基地。它在起飛中，首次使用了全加力燃燒室。
- 6月13日，F-22A在每秒100°的滾轉角速度下成功試射了一枚「響尾蛇」導彈，成為第一種能夠完成這種戰術動作的戰術戰鬥機。

上圖：在喬治亞州的瑪麗埃塔製造中心，一架F/A-22A正在首飛。這架飛機尚未完成隱形塗料噴塗。請注意其垂直尾翼上的「OT」尾碼。它的噴塗先於整個飛機的噴塗程式進行。

- 8月15日，防務採購委員會（DAB）一致同意開始F-22A的低速初始生產。低速生產階段的第一批10架F-22A授權使用2001財政年度資金。第二批13架F-22A使用2002財政年度資金。第三批，23架F-22A的生產資金來自2003財政年度資金。依此類推，低速初始生產將一直持續到2005財政年度。從2006財政年度開始全速生產階段，並一直持續到2013財政年度。整個F-22A的成本上限為450億美元，大約採購295架到331架飛機，具體數量取決於生產中的資金運用情況。
- 8月22日，F-22A工程開發樣機（'4001）在萊特・派特森空軍基地開始（實彈）戰場生存能力測試。這架飛機上所有可供再利用的設備都被拆除，然

上兩圖：第一批生產典型性測試機（PRTV-Ⅰ）中的第二架F/A-22A（99-4011）授命駐於愛德華茲空軍基地。

下兩圖：2004年，兩架F/A-22A（左為91-4003，右為91-4007）安裝了機頭自動雷達跟蹤系統，以便在各類導彈試射任務中採集相關資料。

後將作為預想敵方火力下的靶機。

- 8月23日，翼載武器實彈發射測試完成。
- 9月19日，空軍與洛克希德・馬丁公司簽訂了低速生產階段的第一批F-22A的訂購合同，合同總值21億美元。
- 9月21日，成功完成了第一次基於F-22A的AIM-120C先進中程空對空導彈的制導發射。
- 9月26日，在翼下吊架上進行了聯合直接打擊航空炸彈（JDAM）及600加侖副油箱的首次可掛載性檢查。
- 10月15日，F-22A工程開發樣機（'4007）完成組裝。
- 10月24日，第二批F-22A採購合同得到批准。

上圖：2004年初，F/A-22A（00-4015）在內利斯空軍基地。

- 11月14日，Block 3.0 FT 2.3機載電子設備軟體完成首次安裝。
- 11月30日，第二批F-22A生產典型性測試樣機的最後一個中部機身元件被運至瑪麗埃塔製造中心。

2002年

- 春夏期間，F-22A工程開發樣機（'4009）一直在瑪麗埃塔製造中心接受空軍的一系列測試，以驗證

下圖：在瑪麗埃塔製造中心，F/A-22A（00-4013）準備交付給內利斯空軍基地，尚未進行首飛。

F-22A的保養和維修的簡便性。專用後勤學測評（DLT&E）成功結束，洛克希德・馬丁公司預計的各項維護特性均得到驗證。

- 在洛克希德・馬丁公司的瑪麗埃塔製造中心發生了長達49天的罷工。這次罷工嚴重影響了F-22A的生產計畫。
- 1月5日，F-22A工程開發樣機（'4007）轉場至愛德華茲空軍基地。
- 1月31日，第二批F-22A生產合同得到授權。
- 2月1日，F-22A在試飛中首次達到9G

下圖：F/A–22A（00–4013）剛剛抵達帕姆達爾製造中心進行升級。在升級後，這架飛機將交付給內華達州的內利斯空軍基地。

重力加速度。

- 2月5日，洛克希德・馬丁公司桑德爾分部的Block 3.1軟體交付使用。4月25日，在F-22A（'4006）試飛過程中，這套軟體得到首次應用。
- 2月8日，F-22A工程開發樣機（'4008）進行首飛。
- 3月14日，F-22A在5 000英尺（約1 500米）高度、0.9馬赫速度下成功試射了一枚「響尾蛇」導彈。
- 當年第一季度，F-22A工程開發樣機（'4002）成功完成了雷達散射截面測試。
- 3月27日，工程製造與開發階段設備追加採購計畫（EMD EAC）遞交至F-22A系統專案辦公室。
- 4月5日，最後一架F-22A工程開發樣機（'4009）完成交付手續。
- 5月10日，沙克爾福特準將（Shackleford）接替杰伯準將（Jabour），任F-22A系統專案辦公室主任。
- 3月17日，首次F-22A壽命疲勞測試項目結束。
- 5月21日，F-22A制動系統的測試成功完成。
- 5月28日，F-22A工程開發樣機（'4004）由愛德華茲空軍基地轉場至弗吉尼亞州的蘭利空軍基地，並於次日再次轉場至佛羅里達州的埃格林

上圖：2004年初，F/A–22A（00–4012）在內利斯空軍基地。

空軍基地，以準備進行氣候適應性測試。到達埃格林空軍基地後，這架飛機進行了相應的測試前準備，並被安裝在氣候實驗室的主測試室內。（該測試室長252英尺（76.9米），寬201英尺（61.3米），高70英尺（21.4米），可實現從-65°F到+165°F（-54~74℃）之間的溫度。）

- 5月30日，在埃格林空軍基地的麥金利測試室中，F-22A工程開發樣機（'4004）作為第一台裝備了完整航空電子設備系統的的F-22A，提前一天開始了氣候適應性測試。
- 5月31日，F-22A工程開發樣機（'4009）轉場至愛德華茲空軍基地。
- 6月7日，F-22A項目累計試飛時間達到2 000小時。
- 6月11日，F-22A工程開發樣機（'4009）完成了專項後勤學測評。
- 7月26日，模擬空戰飛行測試的準備工作完成。同一天，洛克希德·馬丁公司宣佈研發了一種新的F-22A水準尾翼設計架構。新型水準尾翼將由沃特飛機工業公司（德克薩斯州大草原城）和厄萊因特技術系統公司（猶

下圖：第二批生產典型性測試機F/A–22A（00–4016）正在投下一枚1 000磅（合454千克）級的聯合直接打擊炸彈。這架飛機剛剛交付給內利斯空軍基地，尚未完成隱形塗料噴塗。

上圖：F/A–22A（00–4016）在內利斯試飛場。

他州的克利爾菲爾德市）負責生產。借此，每架飛機的兩個水準尾翼可以節省大約100萬美元的資金。新的設計方法是使用機械方法繞控制軸固定複合材料翼面，而原方法是在高壓爐裡使用高壓、高熱固定複合材料。這種設計方法還使用了可拆卸式翼緣結構，使新型翼面比原設計翼面輕大約30磅（13.6千克）。

- 8月2日，F-22A首次在超音速下（1.1馬赫）成功發射「響尾蛇」導彈。
- 8月16日，F-22A使用的Block 3.1.1.0軟體成功通過驗證。
- 8月21日，F-22A首次在超音速下（1.19馬赫）成功與AIM-120先進中程空對空導彈進行分離。
- 8月27日，皮爾森將軍（Pearson）和沙克爾福特將軍批准了對航空電子設備的研發過程進行重新規劃。
- 到9月9日，F-22A項目已經完成了

下圖：F/A–22A（00–4017）在愛德華茲空軍基地。（德永克彥）

600架次共1 300小時的飛行科學測試任務，但在工程開發階段仍需完成400小時的同類試飛任務。

- 9月16日，第一架F-22A生產典型性測試樣機（PRTV，'4011）在瑪麗埃塔製造中心進行首飛。
- 9月17日，空軍總參謀長詹伯將軍（Jumper）宣佈正式將F-22A的命名改為F/A-22A，從而強調這種飛機的多工特性。這種多工特性早在1993年5月就開始成為F-22A專案的研發重點。它要求F/A-22A具備攜帶聯合直接打擊航空炸彈（JDAM）和小半徑炸彈（SDB）的能力。事實上，在2002年8月，對伊萊恩・格羅斯曼（Elaine Grossman）的採訪中，她就引用了丹・裡弗少將（Dan Leaf）的一段話：「F/A-22A的研發經過了數十年的時間……世界已經改變了……而我們對於怎樣使用這種飛機的看法也隨之改變。F/A-22A必須進行重新定位。它原來被設計為一種純粹的空中優勢戰鬥機，用於擊落其他飛機。但現在，我們的看法已經完全不同了……它應能同時威脅空中和地面目標。如果要成為未來的主戰飛機，那麼現在，對地攻擊才是主導方向，因為在空對空作戰中，這種飛機已經積累了太多的優勢。F/A-22A可以攻擊薩姆防空雷達，也可以通過電子戰手段對其進行壓制。」
- 9月19日，完成了小半徑炸彈（SDB）的可掛載性檢查。同一天，F/A-22A（'4011）與一架洛克希德・馬丁公司的F-16僚機在愛德華茲空軍基地執行

下圖：F/A-22A（00-4018）在廷德爾空軍基地的新型F/A-22A機庫中（埃裡克・何）。

上圖：兩架F/A–22A（01–4018/01–4019）在廷德爾空軍基地。

左圖：兩代飛機之間的對比。F/A–22A（01–4021）正在等待從廷德爾空軍基地起飛。它旁邊的是波音F–15C。圖片攝於2004年末。

下圖：F/A–22A（01–4021）正準備執行任務。圖片于2004年末攝於廷德爾空軍基地。這架飛機於2003年正式交付空軍使用。

空戰機動（ACM）任務時，突然失去控制。這架F/A-22A在13 000到15 000英尺（約4 000~4 500米）高度做橫滾機動時，突然失速並進入倒垂水準螺旋狀態，下降近10 000英尺（3 000米）後，在2 800英尺（約850米）高度才改出螺旋狀態。

- 9月28日，F/A-22A工程開發樣機（'4003）在一天內飛行了三個架次。
- 10月1日，《航空周及空間技術》雜誌授予F/A-22A航空品質聲望獎。
- 10月12日，F/A-22A（'4010）進行首飛。這架飛機被認為是第一架生產標準型F/A-22A。
- 10月23日，F/A-22A（'4010）完成交付手續，但10月10日已正式交付給空軍。這標誌著標準型F/A-22A（生產典型性測試樣機）首次交付完成。

下圖：一架F/A-22A正在波音KC-135R的後方準備進行空中加油。請注意其打開的加油插座。這個位置平時被兩個機械驅動的低可見性艙門覆蓋。

上圖：F/A-22A （01-4018） 在廷德爾空軍基地上空。這架飛機於2003年正式交付空軍使用。廷德爾空軍基地為第325戰鬥機聯隊和第43戰鬥機中隊的駐地。

- 10月25日，在佛羅里達州廷德爾空軍基地，成立了第一個F/A-22A戰鬥機中隊（隸屬於第325戰鬥機聯隊）。同一天，空軍和波音公司共同舉行了新建成的F/A-22A維護/訓練設施（位於廷德爾空軍基地）的落成剪綵儀式。
- 10月30日，F/A-22A工程開發樣機（'4003）完成了第一次超音速下「響尾蛇」的分離發射測試。
- 10月，洛克希德·馬丁公司宣佈，在德克薩斯州沃思堡建成了新的航空電子設備實驗室，用於F/A-22A的研發工作。
- 11月5日，首次在超音速（1.5馬赫，

上圖：在內利斯空軍基地停機坪上的F/A-22A佇列。最近的一架飛機尾翼上，帶有第43戰鬥機中隊的標誌。其他可認出的軍用編號有：01-4023、01-4028、01-4013、01-4020、01-4022。

35 000英尺高度，約10 700米高度）下完成AIM-120導彈制導發射測試。測試靶機位於15 000英尺（約4 500米）高度，與F/A-22A相向飛行。導彈安裝了非爆彈頭，但測試結果判定為靶機被擊落。

- 11月7日，據透露，F/A-22A專案已超出預算6.9億美元。這一數字迫使空軍宣佈將原定339架的採購數量（生產至2013年）下調至「300架以下」。勞動力成本在1995到2000年間提高了超過50%，是導致成本增加的一個重要原因。
- 11月18日，理查・路易士準將（Richard Lewis）接替威廉·杰伯準將（William Jabour），成為新的F/A-22A項目採辦執行官，湯瑪斯・歐文準將（Thomas Owen）接替馬克・沙克爾福特（Shackleford）準將成為新任F/A-22A項目主管。
- 11月19日，洛克希德・馬丁公司任命拉爾夫・奚斯（Ralph Heath）接替鮑勃・勒登擔任F/A-22A專案經理。這次人員更換的原因是項目超支了6.9億美元（後來超支資料達到10億美元）。同時，空軍正式考慮將F/A-22A的採購數量由339架減少到180架。而空軍軍官們卻提出至少需要381架F/A-22A，以達到部署密度。最後，空軍計畫成立十個可部署的輪換航空遠征隊以提供訓練、測試以及減員/備用飛機。

上圖：F/A-22A（02-4032）在瑪麗埃塔製造中心進行靜態試車測試。

- 11月22日，在新墨西哥州的白沙導彈靶場，F/A-22A成功試射了一枚非爆性「響尾蛇」，目標為超音速飛行的麥道QF-4靶機。測試中，F/A-22A處於不使用加力的超級巡航狀態，並在速度1.4馬赫、高度24 000英尺（約合7 300米）的情況下發射了「響尾蛇」導彈。靶機的速度為1.0馬赫，高度為14 000英尺（4 200米）。
- 11月26日，F/A-22A（'4011）完成交付手續。
- 在12月5日的採訪中，詹伯將軍強調，F/A-22A軟體系統的穩定性仍然是一個有待解決的問題。軟體專家稱F/A-22A的一體化航空電子設備軟體系統經常「崩潰」。

上圖：一架F/A-22A展示著它優美的前部視角，畫面上突出的是低可見性進氣道設計。

- 12月19日，F/A-22A在飛行狀態下首次試射了MJU-10誘餌彈。
- 12月24日，洛克希德・馬丁公司與空軍簽訂了價值9.22億美元的合同，用於42架F/A-22A的生產。
- 12月28日，完成了F/A-22A的實彈/生存性能（地面）測試。
- 12月30日，F/A-22A工程開發樣機（'4009）在瑪麗埃塔製造中心進行首飛。同一天，空軍將F/A-22A的採

下圖：廷德爾空軍基地的主停機坪上，F/A-22A（01-4021）正準備進行一次作戰訓練飛行。

購數量由325架下調至276架。這次採購削減導致2003財政年度的F/A-22A採購數量從23架下調至20架，2004財政年度由27架下調至22架，2005財政年度由32架下調至24架。同時，因研發成本提高，空軍追加了8.76億美元的調整用於採購F/A-22A。

2003年

- 1月7日，洛克希德·馬丁公司向空軍空戰中心交付了當年首架F/A-22A（'4012）。這架飛機將飛抵位於內利斯空軍基地的空戰中心第422測評中隊。除這架飛機外，洛克希德·馬丁公司需再交付作戰中心7架飛機。
- 空軍作戰司令部空戰中心（位於內利斯空軍基地）接收了第一架F/A-22A。這架飛機由內利斯空軍基地F/A-22A綜合辦公室主任大衛·「勞格」·羅斯中校（David「Logger」Rose）駕駛。根據計畫，洛克希德·馬丁公司仍需向內利斯空軍基地第53聯隊第422測評中隊交付7架F/A-22A，交付空軍武器學校第57聯隊9架F/A-22A。
- 1月14日，最後一架F/A-22A工程開發樣機（'4009）從瑪麗埃塔製造中心飛至帕姆代爾，在那裡為進行專項初始作戰測評進行相關改造。
- 1月17日，F/A-22A（'4012）完成交付手續。其首飛已由作戰飛行員大衛·「勞格」·羅斯中校駕機完成。
- 一直以來，空軍對軟體穩定性的衡量標準是「中斷事件平均間隔時間」。到2003年2月，F/A-22A軟體系統的可靠性和穩定性極差。在這段時間裡，F/A-22A不得不平均每1.9小時就對航空電子設備軟體系統重啟動一次，而穩定性的指標是20小時以上（一類故障出現間隔時間）。軟體系統重新開機需要幾分鐘時間。因為這個原因，空軍和洛克希德·馬丁公司開始為期幾個月的軟體升級。升級的直接成果是「中斷事件平均間隔時間」（一類故障）達到了21.2小時。許可權較弱的二類故障的「中斷事件平均間隔時間」從1.39小時提高到5.29小時。後來，「航空電子設備異常平均間隔時間」成為新的穩定性指

下圖：位於廷德爾空軍基地的F/A-22A模擬中心，圖中有一台程式訓練機和一台全任務模擬機。

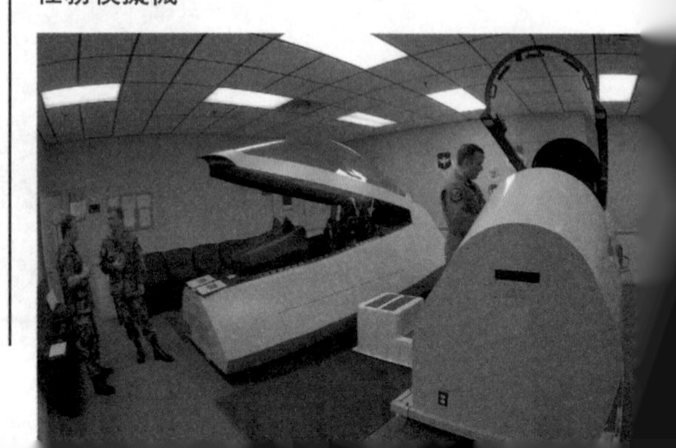

標，包括一類異常，二類異常，依次直到硬體級（五類）異常。

- 2月13日，兩架F/A-22A成功完成了綜合飛行資料鏈性能的驗證。綜合飛行資料鏈作為F/A-22的關鍵元件之一，有助於提高飛行員對於空戰態勢的瞭解。測試在愛德華茲空軍基地空軍飛行測試中心進行。在長達4小時的測試中，兩架F/A-22A（'4005，'4006）驗證了綜合飛行資料鏈的基本功能。兩架飛機均可發送和接受語音和資料。綜合飛行資料鏈包括一台加密收音裝置和無線通訊數據機，以實現F/A-22A飛行員之間秘密並且安全的通話和資料共用。
- 2月28日，F/A-22A項目總飛行測試時間達到3 000小時。
- 3月初，位於愛德華茲空軍基地的F/A-22A試飛部隊讓F/A-22A的總試飛時間超過3 000小時。當時，在愛德華茲空軍基地共有8架F/A-22A。
- 3月4日，第一架F/A-22A專項初始作戰測評用機交付愛德華茲空軍基地。
- 3月27日，防務採購委員會批准空軍與洛克希德．馬丁公司簽署30億美元的合同，用於額外訂購20架標準型F/A-22A。但機載電子設備和軟體故障的發生率仍然居高不下，平均每1.3小時即發生一次故障，而空軍的要求為10小時。

上圖：F/A–22A在廷德爾空軍基地的停機坪進行地面維護的場景。

下圖：2004年，F/A–22A（91–4005）正飛越西雅圖。稍後，它在波音公司機場降落，並在飛行博物館旁邊進行展出。

- 3月31日，F/A-22A（'4009）在洛克希德・馬丁公司帕姆代爾製造中心進行過相應改進和設備升級後，重新回到愛德華茲空軍基地。這是4架計畫升級的F/A-22A專項初始作戰測評用機中的最後一架。這4架F/A-22A（'4008-'4011）均為生產標準型。
- 4月9日，F/A-22A試飛機隊已經進行了1 501架次飛行，累計試飛時間3 220小時。
- 4月16日，空軍與洛克希德・馬丁公司簽署了第三批F/A-22A訂購合同，合同價值超過40億美元。其中，35億美元用於20架F/A-22A的生產，6.3億美元用於採購40台F119引擎。到當時為止，空軍已經接收了9架F/A-22A。
- 4月29日，F/A-22A（'4014）完成首飛，並在「一號代碼」區域著陸。
- 5月12日，F/A-22A（'4013）由大衛・「勞格」・羅斯中校駕駛，轉場至內利斯空軍基地，交付第422測評中隊。
- 5月13日，眾議院軍事服務委員會投票決定，除非洛克希德・馬丁公司解決頑固的軟體問題，否則拒絕在2004財政年度為F/A-22A項目撥款1.61億美元。只有當F/A-22A生產商證明偶爾引起多功能顯示器關閉的軟體問題已被修復，這筆撥款才會到位。
- 5月22日，F/A-22A（'4014）完成交付手續。
- 5月29日，F/A-22A（'4014）由大衛・勞格・羅斯中校駕駛，轉場至位於內利斯空軍基地的第422測評中隊。
- 6月4日，F/A-22A試飛機隊的累計試飛時間達3 500小時。飛行員科林・米勒（Colin Miller）少校在愛德

下圖：兩架F/A-22A（01-4018/01-4019）在廷德爾空軍基地的新型機庫中。

上圖：F/A–22A（01–4021）正由廷德爾空軍基地起飛的一次飛行中飛越墨西哥灣。

華茲空軍基地完成了這個具有里程碑意義的試飛任務。在這次試飛中，他試射了一枚AIM-120導彈。在愛德華茲空軍基地的F/A-22A聯合測試部隊的大約1 000名成員分別來自洛克希德・馬丁公司、波音公司、普惠公司、空軍以及美國政府其他部門。

- 6月26日，F/A-22A（'4002）在一天內完成了4項試飛任務。這些任務的目的是累積起飛性能測試指數。
- 6月30日，F-22A（'4016）交付使用。
- 7月8日，空軍部長詹姆斯・羅奇（James Roche）參觀了瑪麗埃塔製造中心。
- 8月21日，F-22A（'4017）交付使用。
- 8月29日，7架F/A-22A同時升空。從愛德華茲空軍基地起飛後，這些飛機進行了四機編隊（'4005-'4008，另外3架同時起飛的F/A-22A為'4002，'4003，'4009）飛行測試，目的是對綜合飛行資料鏈進行測試。
- 9月1日，F/A-22A聯合測試部隊的總試飛時間超過4 000小時。
- 9月22日，F/A-22（'4003）首次在橫滾高機動狀態下發射「響尾蛇」導彈。
- 9月24日，F/A-22（'4019）在瑪麗埃塔製造中心完成首飛。
- 9月26日，F/A-22（'4018）完成交付手續。3個小時後，這架飛機抵達位於佛羅里達州廷德爾空軍基地的第325戰鬥機聯隊。這架飛機由第43戰鬥機中隊指揮官杰佛瑞・哈雷根中校

下圖：兩架F/A–22A工程開發樣機（91–4002/91–4003）在飛行測試中考察副油箱的性能。

上圖：F/A–22A（01–4021）在一次從廷德爾空軍基地起飛的飛行中飛越墨西哥灣。

（Jeffery Harrigan）駕駛，由瑪麗埃塔抵達基地。它屬於低速初始生產階段的第一批產品。計畫中，第325戰鬥機聯隊每隔6周接收1架F/A-22A，為期兩年，共接收50架F/A-22A。而第43戰鬥機中隊則作為所有F/A-22A飛行員的訓練中隊。最後計畫在廷德爾空軍基地共駐紮大約50架F/A-22A。

- 10月10日，在廷德爾空軍基地為F/A-22A（'4018）的到達舉行了一個接收儀式。
- 10月，普惠公司在康涅狄格州米德爾頓製造中心完成了第100台F119-PW-100引擎。 按計劃，還需再生產大約650台F119引擎。 普惠公司已經為內利斯空軍基地、廷德爾空軍基地的操作提供支援，並計畫為蘭利空軍基地提供支援。

2004年

- 當前的生產計畫是在資金允許的情況下生產295架F/A-22A，加上計畫外的數量，則應在資金允許的情況下生產339架F/A-22A。
- 1月15日，F/A-22A疲勞測試小組使用疲勞測試機身（'4000）創造了新的24小時疲勞週期迴圈記錄。
- 1月19日，F/A-22A（'4022）完成了閃電測試項目。 稍後，這架飛機恢復了適航性，在瑪麗埃塔製造中心進行試飛後交付給廷德爾空軍基地。
- 1月21日，F/A-22A（'4020）轉場至廷德爾空軍基地。
- 1月23日，兩架F/A-22A（'4005，'4007）在試飛中完成了多導彈發射測試。1月30日，又完成了三枚導彈發射測試。
- 1月30日，空軍飛行測試中心的兩架F/A-22A發射了3枚空對空導彈，發射僅相隔幾秒鐘。其中一架F/A-22A在1.2馬赫、每秒100°滾轉角速度下發射了一枚「響尾蛇」導彈。接著使用綜合飛行資料鏈系統，兩架F/A-22A瞄準靶機各發射了一枚AIM-120導彈，發射時的速度為1.3馬赫，高度為30 000英尺（9 150米），而靶機的高度較低。

- 2月6日，F/A-22A工程開發樣機（'4002）首次在機翼下攜帶兩個600加侖（約2 720升）副油箱進行試飛。試飛過程非常順利。
- 在2月的第一周裡，成功完成了空中結冰測試。試飛過程非常順利。
- 2月9日，F/A-22A聯合測試部隊的總試飛時間達到5 000小時。飛行員詹姆斯・達唐少校（James Dutton）在這個重要時刻駕駛F/A-22A（'4003）完成了飛機性能限值擴展測試。同一天，F/A-22A（'4015）按計劃完成了改裝，由帕姆代爾製造中心轉場自內利斯空軍基地。同一天，F/A-22A（'4014）抵達帕姆代爾製造中心，與F/A-22A（'4017）一起進行升級改裝。F/A-22A（'4014）是11架計畫改裝飛機中的第8架。
- 2004年初，普惠公司的F119引擎的總執行時間達到25 000小時，其中包括2 260架次F/A-22A飛行中的9 332小時飛行時間。
- 到2月中旬，F/A-22A（'4023）已完成交付手續，正在瑪麗埃塔製造中心生產後期改裝線上進行升級改裝。F/A-22A（'4021）已經完成了強制性政府檢查（MGI），正準備辦理交付手續。F/A-22A（'4024）正在進行（出廠前）飛行測試工序。F/A-22A（4025）正進行油料灌裝工序。
- 2月17日，F/A-22A（'4018，隸屬於第43空軍中隊）在改裝為最新生產架構後返回部隊。這是廷德爾空軍基地

下圖：F/A-22A工程開發樣機（91-4002/91-4003）的另一張照片，掛載副油箱飛行。

上圖：F/A–22A（01–4024）在瑪麗埃塔製造中心的最後一段時間。僚機為F–16B，軍用編號為78–0088。

計畫參加改裝的首架F/A-22A。

- 2月19日，F/A-22A工程開發樣機（'4003）成功完成了兩枚「響尾蛇」導彈的分離發射任務。第一枚導彈是在高速橫滾機動中發射的，當時的速度為1.4馬赫，高度為10 000英尺（3 000米）。第二枚導彈也是在高速橫滾機動上發射的，但速度為1.2馬赫，高度為5 000英尺（1 500米）。這次測試後，僅剩下一次導彈試射測試任務。
- 2月20日，F/A-22A（'4021）轉場至廷德爾空軍基地。在這裡，飛行員將使用它進行飛行訓練和維護訓練。同時，F/A-22A（'4024）已經開始進行表面噴塗工序。而F/A-22A（'4025）正在進行引擎安裝後的測試檢查。
- 2月25日，F/A-22A（'4026）進入瑪

下圖：瑪麗埃塔製造中心的F/A–22A（02–4032）在靜態地面試車前。紅色的進氣道塞和HUD保護罩都還沒有除去。

麗埃塔製造中心飛行測試工作區。

- 3月3日，在廷德爾空軍基地，3架F/A-22A（'4018，'4019，'4020）各自在當天進行了兩次試飛。
- 3月9日，4架F/A-22A組成四機編隊對抗8架F-15和另一架F/A-22A，以進行綜合飛行資料鏈的測試。
- 3月18日，F/A-22A（'4003）成功地在一次試飛中發射了「響尾蛇」導彈和AIM-120導彈。飛機在速度1.5馬赫、高度15 000英尺（4 500米）及0.5G的機動狀態下發射了一枚AIM-120導彈，在速度1.4馬赫、高度10 000英尺（3 000米）及1G橫滾機動狀態下發射了一枚AIM-9導彈。同一天，兩架F/A-22A在一次試飛任務後成功完成了首次熱區加油任務。著陸後，兩架飛機滑跑至熱區——愛德華茲空軍基地的一處獨立加油區域。在熱區中允許F/A-22A在不完全冷卻、引擎開車的狀態下安全地進行加油。
- 3月19日，完成了最後一項要求在初始作戰測評之前完成的導彈試射任務。一架F/A-22A發射了2枚AIM-120先進中距空對空導彈。在初始作戰測評之前，共進行了52次導彈試射，包括制導發射和分離發射。
- 在3月的前三周裡，聯合測試部隊共完成了8次四機編隊綜合飛行資料鏈測試任務。
- 3月22日，防務採購委員會對F/A-22A專案進行狀態進行審查。審查內容包括機載電子設備穩定性/功能性（作戰測評第一階段）以及初始作戰測評的準備。根據五角大樓的陳述，防務採購委員會的成員對專案的進展感到滿意。這些進展包括為準備初始作戰測評而對機載電子設備穩定性作出的改進。同一天，F/A-22A（'4016）由瑪麗埃塔製造中心轉場至愛德華茲空軍基地。在成功進行了幾次對現有生產架構軟體系統的穩定性飛行測試後，才完成了這架飛機的交付。雖然這架飛機隸屬於內利斯空軍基地，但按計劃它應先在愛德華茲空軍基地進行進一步的機載設備穩定性測試，然後再飛至帕姆代爾製造中心進行生產後期改裝。

下圖：F/A-22A（02-4031）即將著陸的瞬間。F/A-22A使用內彎舵面作為減速板。這架飛機沒有裝備減速傘。

上圖：廷德爾空軍基地，F/A-22A（02-4030）正在順風飛行，時值2004年財政會議期間。

- 3月23日，F/A-22A（'4017）完成了在帕姆代爾製造中心的生產後期改裝任務，並轉場至內利斯空軍基地。同一天，F/A-22A（'4013）從內利斯空軍基地轉場至帕姆代爾製造中心，進行改裝前的準備工作。
- 3月26日，F/A-22A（'4028），低速初始生產階段的第二批飛機從瑪麗埃塔製造中心組裝流水線轉到生產後期改裝區。同時，F/A-22A（'4024）正準備進行首飛。F/A-22A（'4025）正在進行引擎試車。而兩架F/A-22A（'4026，'4027）繼續在飛行測試工作區進行相關測試。
- 4月，空軍發佈了一份《設計資訊徵求書》，代表著一個新型轟炸機研發專案的開始。洛克希德·馬丁公司的設計回應則是眾所周知的F/B-22A。
- 4月1日，受國防部長、採購部長、技術和後勤部長的委託，邁克爾·韋恩（Michael Wynne）正式簽署了採購決定備忘錄。這份備忘錄也為F/A-22A的初始作戰測評確定了標準。
- 4月15日，F/A-22A的基本空對地作戰認證測試開始。首先成功進行了1 000磅（454千克）級GBU-32衛星制導聯合直接打擊航空炸彈的地面投放測試。緊接著，4月23日，F/A-22A（'4003）在飛行中進行了同種炸彈的投放測試。600加侖（約2 720升）副油箱（用於轉場任務）的空中分離測試也在測試的前一天展開。計畫中，共要使用16只副油箱進行8次分離測試。
- 4月29日，空軍正式發佈了關於新型轟炸機的《設計資訊徵求書》，與此相應，洛克希德·馬丁公司已經就F/B-22轟炸機的相關課題展開工作。到當天為止，已有24架F/A-22A具備升空能力，36架F/A-22A正在製造中。
- 4月29日，空軍在愛德華茲空軍基地

開始F/A-22A的初始作戰測評。初始作戰測評通過各種作戰測試，對F/A-22A的攻擊威力、戰場生存能力、可部署性以及維護保養的簡便性作出相應評價。

- 但直到4月30日，空軍才宣佈F/A-22A的初始作戰測評已於4月29日正式開始。測評工作計畫在9月間完成。同時，空軍也宣佈軟體故障頻發的問題已經徹底解決。同一天，F/A-22A

下圖：2004年財政會議期間，F/A-22A（02-4030）在廷德爾空軍基地進行展出。

上圖：F/A-22A（02-4028）在財政會議期間正滑行至廷德爾空軍基地的停機坪。

工程開發樣機（'4009）完成了最後一次雷達散射截面校準飛行。 按要求，校準飛行應在初始作戰測評之前完成。所以，參測飛機都在測評開始前就完成了雷達散射截面校準飛行。

- 5月13日，F/A-22A首次在華盛頓州西雅圖市著陸。此次飛行由飛行員蘭迪・內爾文駕機，從愛德華茲空軍基地起飛，在波音機場著陸，準備在飛行博物館參加為期兩天的展示。

上圖：2004年財政會議期間，F/A-22A（02-4031）正在廷德爾空軍基地滑跑。

- 5月間，空軍承認正在考慮使用F/A-22A在「敵後縱深」執行巡航導彈攔截任務。為了能讓F/A-22A適應這個新角色，空軍正在研製新型AIM-120導彈（AIM-120C-6）。而且，空軍也在考慮使用壓縮式AIM-120導彈武器艙，從而讓F/A-22A可以一次攜帶超過6枚AIM-120導彈。
- 6月1日，在美國空軍學院（位於科羅拉多泉城）的學員畢業儀式上，一架F/A-22A飛經上空，以示祝賀。駕駛飛機的飛行員為空軍學院1988年畢業生道恩·鄧洛普中校（Dawn Dunlop）。
- 6月10日，愛德華茲空軍基地聯合測試部隊的F/A-22A驗證了在高速橫滾機動中發射「響尾蛇」導彈的能力。在測試中，F/A-22A在速度1.7馬赫、高度21 000英尺（6 400米）、4G重力加速度狀態下，發射了一枚「響尾蛇」導彈。試射地點位於加州穆古角附近的海軍空戰中心武器分部。 在不同的條件、高度、速度和狀態下，F/A-22A共進行了大約17次「響尾蛇」導彈試射。
- 7月1日，洛克希德·馬丁公司得到了空軍對第4批F/A-22A低速初始生產的批准。這一生產批次共包括22架F/A-22A，也使「猛禽」的總生產量達到74架。另外，還準備在2006年生產50架F/A-22A。
- 7月，空軍飛行測試中心貝尼菲爾德吸波室對F/A-22A進行了首次測試。這一測試的目的是確證F/A-22A的防禦系統不會對它的通訊、導航和敵友識別系統造成干擾。
- 7月24日，愛德華茲空軍基地聯合測試部隊的一架F/A-22A以制導方式發射了4枚AIM-120導彈，分別攻擊4個不同的目標。各枚導彈射出後，F/A-22A有能力成功地識別、追蹤各個目標，並把資料回饋給各枚AIM-120導彈。導彈全部命中目標。

- 初始作戰測評在9月結束。儘管測試細節屬於軍事機密，但空軍宣佈，在為期4個半月的測試過程中，F/A-22A成功完成了所有項目的測試。測試中，共使用了6架F/A-22A，飛行188架次。到此時為止，27架可用於作戰的F/A-22A分別部署在愛德華茲空軍基地（加州）、內利斯空軍基地（內華達州）、廷德爾空軍基地（佛羅里達州）。到2004年中期，空軍對F/A-22A的需求數量（不是訂購數量）為381架。

下圖：F/A–22A工程開發樣機（91–4005）的最後一次飛行。當它到達蘭利空軍基地後，將被作為永久性地面維護訓練機。圖中為2005年1月，這架飛機與一架波音F–15C（83–0017）編隊飛行。這架F–15C隸屬于蘭利空軍基地第1戰鬥機聯隊。

- 8月底，位於廷德爾空軍基地的F/A-22A已經累計飛行近250小時，飛行架次超過253次。
- 9月2日，在愛德華茲空軍基地，F/A-22A成功投下了一顆1 000磅級（454千克）JDAM炸彈，並成功命中地面目標。這標誌著F/A-22A的空對地攻擊能力得到首次驗證。
- 9月，由於數位飛行控制軟體出現故障，一架F/A-22A突然達到10~11G重力加速度狀態。
- 10月27日，F/A-22A（'4041）在瑪麗埃塔製造中心進行正式展出。在完成出廠前的準備工作和首次飛行測試後，這架飛機將交付給空軍作戰司令部的第1戰鬥機聯隊的第27戰鬥機中隊（美國空軍歷史最久遠的一個中隊，正駐紮在弗吉尼亞州的蘭利空軍基地）。在那裡，這架飛機將成為首架作戰專用F/A-22A。對蘭利空軍

基地的正式交付手續在2005年5月完成。按計劃，F/A-22A應在2006年初具備初始作戰能力。10月6日，第27戰鬥機中隊成為一個F/A-22中隊。11月，原隸屬於第411試飛中隊的一架F/A-22A將移交給第27戰鬥機中隊，用於F/A-22A初始維護訓練。另外，在2005年1月和3月，兩架原隸屬於廷德爾空軍基地第43戰鬥機中隊的F/A-22A也將移交給蘭利空軍基地。鑒於在2005年9月將對各空軍基地進行調整，同時關閉部分基地，所以空軍會在2004年底決定還在哪些基地部署F/A-22A。但現在列入考慮名單的基地有：埃利曼多夫空軍基地（阿拉斯加州）、埃格林空軍基地（佛羅里達州）、廷德爾空軍基地（佛羅里達州）、芒廷霍姆空軍基地（愛達荷州）。

- 11月，洛克希德・馬丁代表團對空軍F/A-22A綜合產品小組簡要彙報了所設計的F/B-22A。
- 11月1日，國防部作戰測試主任湯瑪斯・克莉斯蒂（Thomas Christie）宣佈，F/A-22A在作戰測試中已經取得了「驚人」的進步，讓這種飛機向全速生產更邁進了一步。克莉斯蒂強調，這些進步包括軟體系統穩定性的提高以及座艙蓋裂紋問題的解決。
- 12月3日，洛克希德・馬丁公司宣佈任命拉裡・勞森（Larry Lawson）接替拉爾夫・奚斯的F/A-22A項目總經理職務，而奚斯被提升為公司執行副總裁。
- 12月20日，15時45分，隸屬於空戰中心第53空軍聯隊第422測評中隊的F/A-22A（00-0014）在內利斯空軍基地起飛時，墜落在跑道上並焚毀（在基地）。飛行員因及時彈出，沒有受傷。這名飛行員已具有大約60小時的F/A-22A駕駛經驗。事故前，這架飛機已累計飛行了大約150小時。直到本書編纂完成，空軍仍未公佈這一事故的原因。但這次墜毀被普遍認為是由於數位飛行控制系統異常引起的。
- 12月30日，據新聞透露，聯邦預算部門的首腦們迫于伊拉克戰爭的壓力，正要求國會和國防部調整大量國防專案的資金預算和採購數量，其中也包括F/A-22A項目。儘管空軍對F/A-22A的最小需求量為381架，但在對各種數位的討論中，現在的F/A-22A訂購數量276架可能會被削減到180架。甚至一些消息靈通人士說，這一數字會被削減到130架。如果這一削減被批准（直到2005年1月本書編纂完成時，討論結果仍然未確定），將在2007預算年度中生效。F/

A-22A的生產將在2010年就早早結束（一些人甚至說在2008年）。

- 在當年第4季度中，空軍宣佈：弗吉尼亞州國民警衛隊空中力量第192戰鬥機聯隊將和弗吉尼亞州蘭利空軍基地的第1戰鬥機聯隊一起成為F/A-22A戰鬥機聯隊。這標誌著國民警衛隊空中力量首次協助空軍將新的戰鬥機系統整合到現役空軍序列中。

2005年

- 2005財政年度國防預算中，包括第5批F/A-22A的生產計畫，共24架飛機。但國會可能會將產量削減到22架。
- 到1月1日止，共有28架F/A-22A交付使用，46架F/A-22A在生產中。
- 1月6日，空軍宣佈，鑒於2004年12月20日在內利斯空軍基地發生的F/A-22A墜毀事故，現對F/A-22A的程式和工程資料展開全面審查，在審查完成之前，全部F/A-22A暫時停飛。同時，繼續事故原因調查工作。空軍也強調，F/A-22A專案已經積累了7 000小時的安全飛行時間，體現了一個非常優異的安全記錄。
- 1月7日，F/A-22A（91-4005）在進行了最後一次飛行後，在弗吉尼亞州蘭利空軍基地著陸。在那裡，這架飛機將作為維護訓練用機，以保證第1戰鬥機聯隊的飛機維護師們能夠精通F/A-22A的保養技術。當月，在第二架適航型F/A-22A到達基地後，第1戰鬥機聯隊第27戰鬥機中隊的飛行員將開始飛行訓練。
- 1月7日，空軍宣佈，空軍總參謀長約翰·詹伯將軍將參加在廷德爾空軍基地的F/A-22A駕駛資質訓練。他將在

下圖：2004年財政會議期間，F/A-22A（02-4030）在廷德爾空軍基地。

上圖：F/A–22A（03–4041）即將成為第一架交付給第一戰鬥機聯隊的新型F/A–22A，也是蘭利空軍基地的第一架全作戰型F/A–22A。

1月12日完成最後一次F/A-22A資質飛行。

- 1月7日，洛克希德·馬丁公司瑪麗埃塔製造中心一次性交付給廷德爾空軍基地第43戰鬥機中隊5架F/A-22A。這些飛機的到達，讓這個中隊的F/A-22A總數達到了18架。
- 2005財政年度國防預算包括第5批F/A-22A的生產計畫，共24架飛機。而第6批F/A-22A的生產計畫為26架飛機。同時，空軍計畫在2006年開始F/A-22A的高速生產階段，即每個月大約生產3架F/A-22A。
- 12月，在弗吉尼亞州蘭利空軍基地的第1戰鬥機聯隊（隸屬於空軍作戰司令部，第9空軍，含第27和第29空軍中隊）將實現F/A-22A的初始作戰能力。初始作戰能力要求第一個F/A-22A飛行中隊應裝備18到24架可以作戰的適航型F/A-22A，並配備經過充分訓練的飛行員。

2006年

- 2006年，計畫開始F/A-22A高速生產階段。即在2013年之前，洛克希德·馬丁公司瑪麗埃塔製造中心的生產線應每年生產40架F/A-22A。同時使用2006財政年度預算資金生產第6批次，共28架F/A-22A。

2007年

- 計畫的F/A-22A的全速生產速度達到每年32架。洛克希德·馬丁公司建議應提高到每年生產56架的速度，從而比原計劃提前兩年，即在2009年完成生產計畫，以達到降低成本的目的。

最初的F-22（即現在的F/A-22A）

生產計畫是生產750架飛機（含雙座訓練機）。到後來，這一數字減少到648架。1993年，又減少到442架（包括4架預生產機型和58架雙座訓練機）。接著，再次削減到僅生產438架標準型單座F/A-22A，預生產機型和雙座機型的生產任務均被取消。到1998年，這一數字再次減到339架單座型機。而在2004年初，又一次調整為276架。

在F/A-22A的專案過程中計畫生產數量變化：

1986年10月~1991年7月：750架；

1991年7月~1994年1月：648架；

1994年1月~2000年12月：442架；

2000年12月~2002年11月：239架；

2004年底的F/A-22A訂購總量：276架。

實際上，在第一架F/A-22A（用於飛行測試）完工和交付使用後，在工程的各個階段：工程開發階段、生產典型性測試階段、標準型F/A-22A的生產階段，空軍一直對生產時間和生產數字進行修改。以下為2005年1月前，交付使用的F/A-22A編號的準確統計。

編號

91-4001到91-4009：9架工程開發樣機，全部交付給愛德華茲空軍基地，並指定尾碼為「ED」。其中，91-4002和91-4003作為飛行科學測試用機。91-4004、91-4005、91-4006和91-4007，由於安裝了全部低可見性設備，主要用於機載電子設備測試。同時91-4007也用於低可見性測試。91-4008和91-4009隸屬於作戰測評中心第6分遣隊。

99-4010和99-4011：生產典型性測試機（第一批次，PRTV-Ⅰ），指定尾碼「ED」，隸屬於作戰測評中心第6分遣隊，其中99-4010尾碼後還附加「OT」字樣。

左圖和下圖：2005年1月7日，5架F/A-22A（01-4027、02-4032、02-4033、02-4035、02-4036）交付給廷德爾空軍基地。圖中這些飛機正準備從瑪麗埃塔製造中心起飛。右圖為這些飛機剛剛到達廷德爾空軍基地。

上兩圖：F/A-22（02-4036）的兩樣圖片，正在完成到瑪麗埃塔製造中心的最後進場過程。這架飛機已經交付給廷德爾空軍基地。

00-4012到00-4017：生產典型性測試機（第二批次，PRTV-Ⅱ），全部駐紮在內利斯空軍基地，指定尾碼「OT」。

01-4018到01-4027：正式生產第一批次，其中4018為首架交付給廷德爾空軍基地的F/A-22A，指定尾碼「TY」。

02-4028到02-4040：正式生產第二批次。

03-4041到03-4061：正式生產第三批次，其中4041首先交付給蘭利空軍基地的第27戰鬥機中隊。這一中隊是蘭利空軍基地計畫轉型為F/A-22A中隊的三個之一。蘭利空軍基地最終將配備3個F/A-22A中隊，每個中隊將配備24架F/A-22A及6架備用機。

04-4062到04-4083：正式生產第四批次。

說明：愛德華茲空軍基地擁有空軍飛行測試中隊和第411試飛中隊。而戰鬥機武器學校和第422測評中隊位於內利斯空軍基地。第325戰鬥機聯隊和第43戰鬥機中隊則駐紮在廷德爾空軍基地（其中第325戰鬥機聯隊為F/A-22A的初始訓練單位）。2005年12月，位於蘭利空軍基地的第1戰鬥機聯隊擁有第一個F/A-22A的初始作戰能力中隊。

到目前為止，F/A-22A的計畫生產和交付數量如下。

1997年：生產/交付1架（91-4001）

1998年：生產/交付1架（91-4002）

1999年：生產2架（91-4003/4004）

2000年：生產2架（91-4005/4006），交付2架（01-4003/4004）

2001年：生產3架（91-4007~4009），交付3架（01-4005~4007）

2002年：生產4架（99-4010/4011、00-4012/4013），交付5架（91-4008/4009、99-4010/4011、00-4012）

2003年：生產11架（00-4014~4017，01-4018~4024），交付9架（00-4013~4017、01-4018~4020、01-4022）

2004年：生產19架（01-4025~4027、02-4028~4040、03-4041~4043），交付15架（01-4021、01-4023~4027、02-4028~4036）。

3架F/A-22A工程開發樣機（'4001、'4002、'4003）在飛行測試程式開始，先用於進行機身結構測評。6架工程開發樣機（'4004到'4009）則成為機載電子設備系統測試平臺。這兩組（機身結構測試和機載電子設備測試）F/A-22A均具備各自的儀器配備規格。其中，機載電子設備系統測試組的F/A-22A配備了冗餘測試系統，為測試提供了靈活性，可以在必要的時候轉用於其他測試任務。

上兩圖：基於洛克希德・馬丁公司的F-22研發海軍型先進戰術戰鬥機的模型和圖紙。

這9架F/A-22A工程開發樣機原計劃進行4 337小時、2 409架次測試。其中，2 110小時和1 200架次用於機身和系統測試。其餘則用於機載電子設備系統測試。2001年第3季度，因測試項目的意外延期，機載電子設備的測試時間被削減為1 530小時。

各架F/A-22A工程開發樣機的經歷如下。

1997年4月9日，'4001在洛克希德・馬丁公司瑪麗埃塔製造中心進行「美國精神」公開展出。1997年9月7日進行首飛。1998年2月5日，完成了地面結構性測試。接著這架飛機被拆散後，空運至愛德華茲空軍基地。在重新組裝後，用於進行飛行品質、顫振、載荷等性質的測試。2000年11月2日，它飛至俄亥俄州的萊特・派特森空軍基地，並在那裡退役。它共飛行了175次，累計飛行時間372.7小時。把可供再利用的零件拆除後，它被作為假想敵方武器系統下的靶機，參與實彈/戰場生存性測試。測試結果屬於保密範圍。

1998年2月10日，F/A-22A（'4002）在洛克希德・馬丁公司瑪麗埃塔製造中心展出，並得到了「老實人」的綽號。於1998年6月29日首飛。

8月26日，它飛至愛德華茲空軍基地。到1998年10月底，它共飛行了27次，累計飛行時間66.1小時。這架飛機被用於擴展顫振和操縱品質性能限值，並成為首架在飛行中完成26°攻角狀態的F/A-22A。1999年4月，它被用於進行AGM-88高速反輻射導彈的機/彈相容性測試和掛載—攜帶測試。1999年9月8日，這架飛機已累計飛行253次，飛行時間達538.8小時。它在2000年7月25日完成了F/A-22A的首次「響尾蛇」導彈試射，2000年10月24日完成了F/A-22A的第一次AIM-120C導彈試射。在飛行測試中的其他任務包括飛機性能測評、推力系統、大攻角性能、武器分離/投放測試、混合電子戰和紅外特性測評。

F/A-22A（'4003）在1998年7月間在沃思堡製造中心使用其中部機身的武器艙進行彈/機相容性測試。測試完成後，中部機身才運至瑪麗埃塔製造中心進行組裝。完成組裝後，這架飛機於1999年5月25日在瑪麗埃塔製造中心展出。它是第一架安裝了Block 2.0軟體的飛機，也是第一架具備生產標準內部架構的F/A-22A。1999年10月，它完成了第一次引擎試車。2000年3月，完成了跑道滑行測試。它在2000年3月6日進行首飛。同年3月15日，它飛至愛德華茲空軍基地，完成交付手續。到達愛德華茲空軍基地後，直到9月19日之前，它都在進行地面測試和系統升級，沒有

左圖和下圖：藝術家對F/B-22A的想像圖（下圖中左側飛機）。請注意其標準型F/A-22A戰鬥機和未來轟炸機的外形區別，尤其是後者的三角翼設計。

進行過飛行。但近一年後，2001年9月8日，它已經進行了68次飛行，累計飛行時間135.2小時。這架飛機成功地代替F/A-22A（'4001），用於載荷測試、側風著陸測試、制動鉤測評和武器艙環境研究。F/A-22A（'4003）在2002年8月21日首次完成了F/A-22A在超音速下的AIM-120導彈試射。試射時的速度為1.2馬赫，高度為12 000英尺（約3 600米）。它也被計畫作為M61A2機炮和聯合直接打擊航空炸彈的綜合測試平臺。

F/A-22A（'4004）的中部機身於1998年12月28日由沃思堡運至瑪麗埃塔製造中心。它是首架安裝了休斯通用集成處理器（Hughes CIP）軟體系統的F/A-22A。這套軟體用於管理AN/APG-77雷達以及儀錶著陸系統。在瑪麗埃塔製造中心，1999年8月31日，這架飛機首次通電時，安裝了Block 1.1航空電子設備軟體系統。隨後在喬治亞州的道賓空軍儲備基地進行跑道滑行測試和初次飛行測試期間，將軟體系統升級為Block 1.2標準版。它於2000年11月15日在道賓基地進行了首飛。2001年1月底，它轉場至愛德華茲空軍基地。這架飛機被用於航空電子設備系統的研發。它也被用於低可見性（雷達散射截面）測試、紅外特性測試以及通訊/導航/識別（CNI）測試。2001年9月8日，這架飛機已累計飛行48次，飛行時間達119小時。在2002年5月28日，它被用於進行寒冷氣候適應性測試。測試地點位於佛羅里達州埃格林空軍基地氣候試驗室。在氣候適應性測試結束後，這架飛機不再用於飛行，而為其他適航性F/A-22A工程開發樣機提供備件。

F/A-22A（'4005）在2000年1月5日在瑪麗埃塔製造中心進行首飛。它的首要任務是用於AN/APG-77雷達、通訊/導航/識別系統以及火控系統的研發。之後，它又成為Block 3.0機載電子設備系統軟體以及主火控系統的測試平臺。到2001年9月8日，這架飛機已累計飛行41次，飛行時間達103.6小時。2001年9月21日，在穆古角導彈試射場，它成為第一架使用制導方式發射AIM-120導彈的F/A-22A。到2005年1月7日時，它已經成為蘭利空軍基地（弗吉尼亞州）的一架維護訓練機。

F/A-22A（'4006）在2000年2月5日在瑪麗埃塔製造中心進行首飛。這架飛機主要用於一體化機載電子設備和雷達散射截面的測試。之後又用於系統效率/軍事應用測評。到2001年9月8日，它已經飛行了16次，累計飛行時間33小時。

F/A-22A（'4007）在2001年10月15日在瑪麗埃塔製造中心進行首飛，並於

2002年1月5日正式歸屬愛德華茲空軍基地F/A-22A專項初始作戰測評部隊，成為用於作戰測評的一架備用機。根據原生產計畫，它本應是一架雙座型F-22B，但由於之後取消了雙座F-22B的生產，它被生產為一架標準的單座F/A-22A。

F/A-22A（'4008）在2002年2月8日在瑪麗埃塔製造中心進行首飛，並在3月31日轉場至愛德華茲空軍基地。它被用於進行航空電子設備系統研發和低可見性測評。同另外兩架F/A-22A工程開發樣機（'4007，'4009）和兩架生產典型性測試機（'4010，'4011）一起，它成為F/A-22A專項初始作戰測評的測試機之一，並一直留在愛德華茲空軍基地。

F/A-22A（'4009）本應是第二架雙座F-22B，但同F/A-22A（'4007）一樣，最後被製造為一架標準的單座F/A-22A，主要用於航空電子設備和軟體研發，以及低可見性測試。它於2002年4月15日正式在瑪麗埃塔製造中心交付給空軍用於靜態維護試驗（DLT&E）。它是最後一架F/A-22A工程開發樣機，也是愛德華茲空軍基地F/A-22A專項初始作戰測評的測試機之一。

F/A-22A（'4010）在2002年10月12日進行首飛，於10月23日在瑪麗埃塔製造中心正式交付給空軍。緊接著，在10月30日，它飛至帕姆代爾製造中心，在這裡被改裝後，交由愛德華茲空軍基地第6分遣隊用於飛行測試。它是第一架F/A-22A生產典型性測試機。這架F/A-22A也被用於專項初始作戰測評。到2003年第3季度，又在內利斯空軍基地用於接受其他測試。

F/A-22A（'4011）在2002年9月16日在瑪麗埃塔製造中心進行首飛，並于當年11月26日正式完成交付手續。這是第二架F/A-22A生產典型性測試機（PRTV），卻先於第一架完成首飛。它也是F/A-22A專項初始作戰測評的最後一架測試機。在2003年第3季度初被派至內利斯空軍基地。

F-22B：這是計畫中對於標準單座

下圖：未來的F/B-22A與標準型F/A-22A停在一起的電腦類比圖像。

F/A-22A的一種雙座型設計變體。因為F/A-22A項目總成本的快速增加，1996年7月10日，空軍正式取消了F-22B的生產計畫。直到本書編寫完成，空軍仍沒有計劃恢復這種機型的研發和生產。

F-22C：見海軍先進戰術戰鬥機（NATF）。

海軍先進戰術戰鬥機（NATF）

儘管海軍一度準備投資85億美元進行相關原型機的設計和研發，但現在海軍對於海軍型F-22的興趣已不復存在。在F/A-22A項目初期，一些人將海軍型F-22稱為F-22C，即海軍先進戰術戰鬥機。在YF-22A的論證/定型階段，海軍曾提供12億美元用於海軍先進戰術戰鬥機技術轉型並產生一些相當確定的成果，支持海軍型F/A-22A。比如：在研究中發現，將F/A-22A進行海軍化研發，可以比一個獨立項目節省40%的資金。同時，通過F-22/NATF通用系統，還有助於在兩種戰鬥機的壽命週期中節約資金。

原計劃生產546架海軍先進戰術戰鬥機。生產數量後來被削減至384架，這個數字一直被削減到0，然後整個項目就被果斷地取消了。在1992到1997年間，曾有人嘗試恢復這個項目。

海軍先進戰術戰鬥機與空軍的F-22有著很大區別。儘管海軍先進戰術戰鬥機與F-22之間，很多主要零部件都能夠通用，但這種飛機需要從甲板起飛，還要適於母艦攜載。洛克希德公司在1992年曾表態，如果海軍型F-22項目恢復並能進行到採購階段，那麼它能以每月4架飛機的速度進行生產。

雖然公眾對於海軍先進戰術戰鬥機的準確特徵並不關心，但在設計師們藝術家般地描繪下，我們可以看到它與空軍F/A-22A具有一些共性，但大多數地方卻固有地遵循著海軍的要求。最大的不同是需要安裝完全不同的新型可變後掠機翼和新型的水準、垂直尾翼。

此外，因為這種飛機的多重角色（戰鬥巡邏/攻擊護航艦隊），所以它應具備完全不同的武器系統以及相應的武器系統感測器。而後者的改變，又會導致機身發生相當大的變化：機頭調低並配備一個低可見性的一體化感測器整流罩。

由於所承擔的作戰任務的區別，也會導致航程、巡航時間以及先進戰術戰鬥機的基本特徵如低可見性和超級巡航性能的調整。又因為要考慮到母艦的承重、在甲板上起降的限制，海軍型先進戰術戰鬥機還需要裝備比F-22更結實、更複雜、更富彈性的起落架。

F/B-22A：因為預測到2015年時，空軍將缺少遠端武器的投擲能力，洛克

本頁圖：電腦類比圖像，表現了F/B-22A早期設計型的飛行姿態。請注意其三角翼下掛載的武器。這些武器都經過低可見性優化。下圖為F/B-22A的概念性研究，無垂直尾翼架構。

希德・馬丁公司建議以F/A-22A為基礎（前機身、機載電子設備、軟體系統、飛行控制系統等都可以保留不動）研發一種過渡型轟炸機。洛克希德・馬丁公司已在2002年秋季對這種轟炸機進行過研究。它暫時被稱為F/B-22A，是一種由F/A-22A派生的多功能遠程地面打擊專用作戰平臺，並能在2015年到2035年間滿足轟炸作戰需求。

迫于現有遠端轟炸能力的逐漸減弱，空軍已開始積極徵求相關設計提案。到2004年初，空軍已收到了大約23份設計提案，其中至少有6份為洛克希德・馬丁公司的作品。洛克希德・馬丁公司的F/B-22A競標方案被看做是一個相對優秀的設計，這不僅因為根據設計而預測的相關性能指標相當強大，還因為從F/A-22A轉變到空軍作戰序列中的一個轟炸機角色，幾乎可以說是水到渠成的事。F/A-22A的「第5旋」架構中85%的硬體和軟體可以同F/B-22A通用。「第5旋」是F/A-22A一系列升級的第5階段，其中：將在2007~2008年交付使用的正式生產階段第五批次F/A-22A（Block 2.0軟體系統）稱為「第2旋」，這些飛機將配備新型有源相控陣雷達（AESA，這種雷達將作為未來F-35戰鬥機的雷達）；在2008~2011年交付使用的F/A-22A（配備Block 3.0軟體系統）稱為「第3旋」，即全球打擊增強型「猛禽」戰鬥機，配備16鏈路通信能力，多種空對地武器和增強的對地打擊能力。「第4旋」和「第5旋」F/A-22A戰鬥機（配備Block 4.0/5.0軟體系統）尚未定義，但可能會裝備增強型電子攻擊能力，升級後的空對地雷達系統以及低可見性可拋型翼下副油箱。

洛克希德・馬丁公司建議F/B-22A最終應裝備達到最新技術發展水準的鐳射武器、電子干擾設備、可以在飛行中改變顏色的電荷偽裝層以及被動性傳感設備，從而能讓F/B-22A擔任各種作戰角色。此外，F/B-22A還可能裝備一種「變種」蒙皮，以提高彈性油箱的容積。這種油箱可以在滿油時脹起，又會在油料逐漸減少時變小。插圖中的F/B-22A包括的新型設備有：隱形「翼下武器艙」〔外部武器群，5 000磅（2 770千克）掛載能力〕，隱形外掛架，等角天線，凸型武器艙門可容納更多武器，如GBU-31精確制導炸彈。取消了M61A2航炮的設計。

正如當前所推想的，圖中F/B-22A具備截角型三角翼形狀，能夠提供相當於標準F/A-22A機翼面積3倍的有效升力面積，同時也能容納更多燃油，採用雙垂尾設計。一些早期研究建議應取消垂尾面……

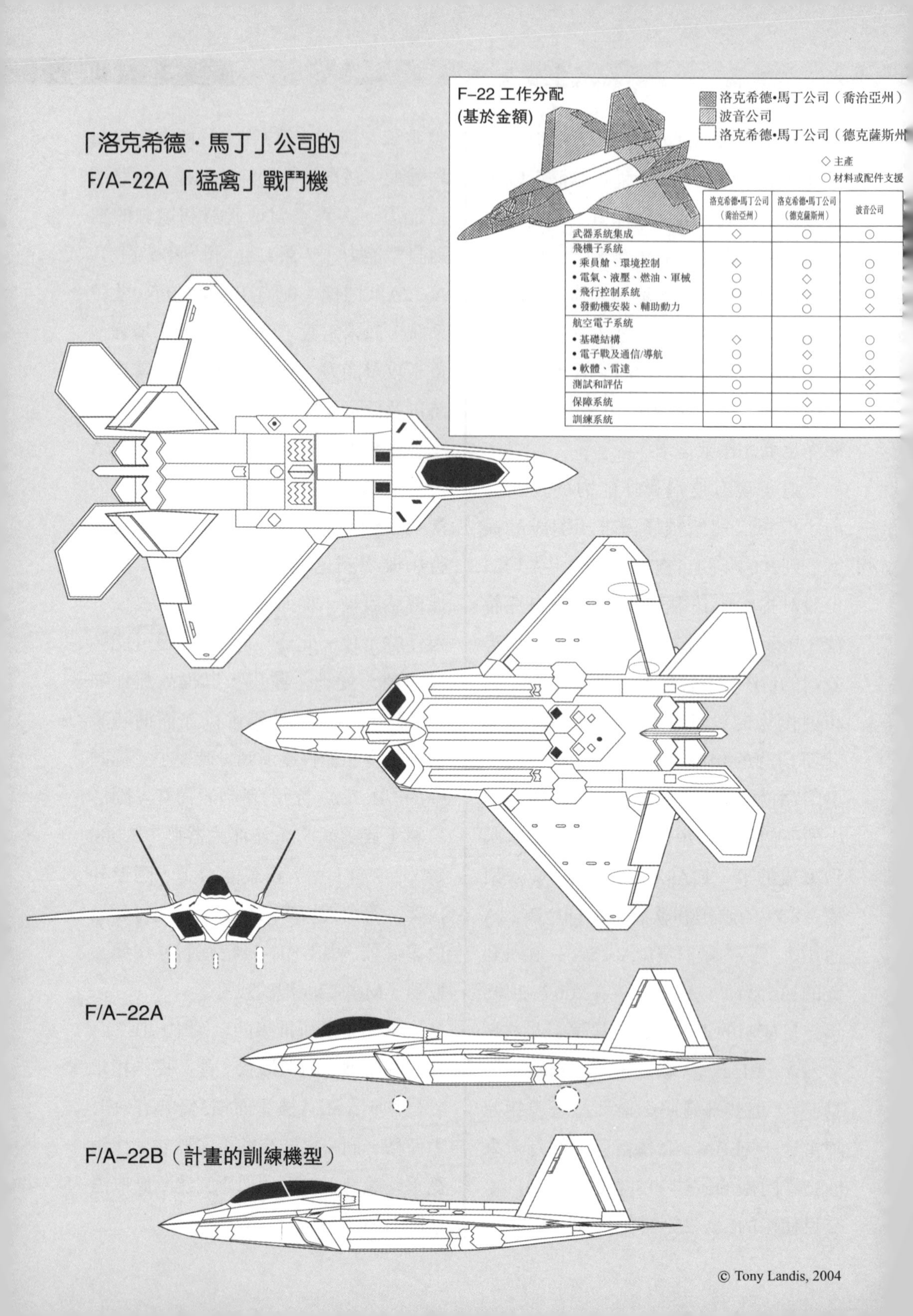

	洛克希德•馬丁公司（喬治亞州）	洛克希德•馬丁公司（德克薩斯州）	波音公司
武器系統集成	◇	○	○
飛機子系統			
• 乘員艙、環境控制	◇	○	○
• 電氣、液壓、燃油、軍械	○	◇	○
• 飛行控制系統	○	◇	○
• 發動機安裝、輔助動力	○	○	◇
航空電子系統			
• 基礎結構	◇	○	○
• 電子戰及通信/導航	○	◇	○
• 軟體、雷達	○	○	◇
測試和評估	○	○	◇
保障系統	○	◇	○
訓練系統	○	○	◇

5 結構與系統
Construction and Systems

F/A-22A戰鬥機由洛克希德・馬丁公司同波音公司共同研發生產。它裝配了普惠公司的引擎，而其他零部件分別由大約1 000家廠商進行生產。這些廠商分佈在全美50個州中的43個。

其中，分佈在全美國各處的幾大核心部件生產廠家如下（成品運至瑪麗埃塔製造中心）。

喬治亞州的洛克希德・馬丁公司的瑪麗埃塔製造中心負責前部機身的製造，包括駕駛員座艙（含機載電子設備體系、顯示裝置、控制設備、航空資料系統等）、各種天線孔徑、各類邊條、尾翼組裝、起落架（僅安裝）以及環境控制系統（僅安裝）。最重要的是，在這裡進行F/A-22A的最後組裝和首次試飛。

瑪麗埃塔製造中心還擁有一個專用雷達散射截面驗證中心，面積50 000平方英尺（4 645平方米），採用全閉合結構，以便對每架完成組裝的F/A-22A進行隱形性能測試。這幢建築的

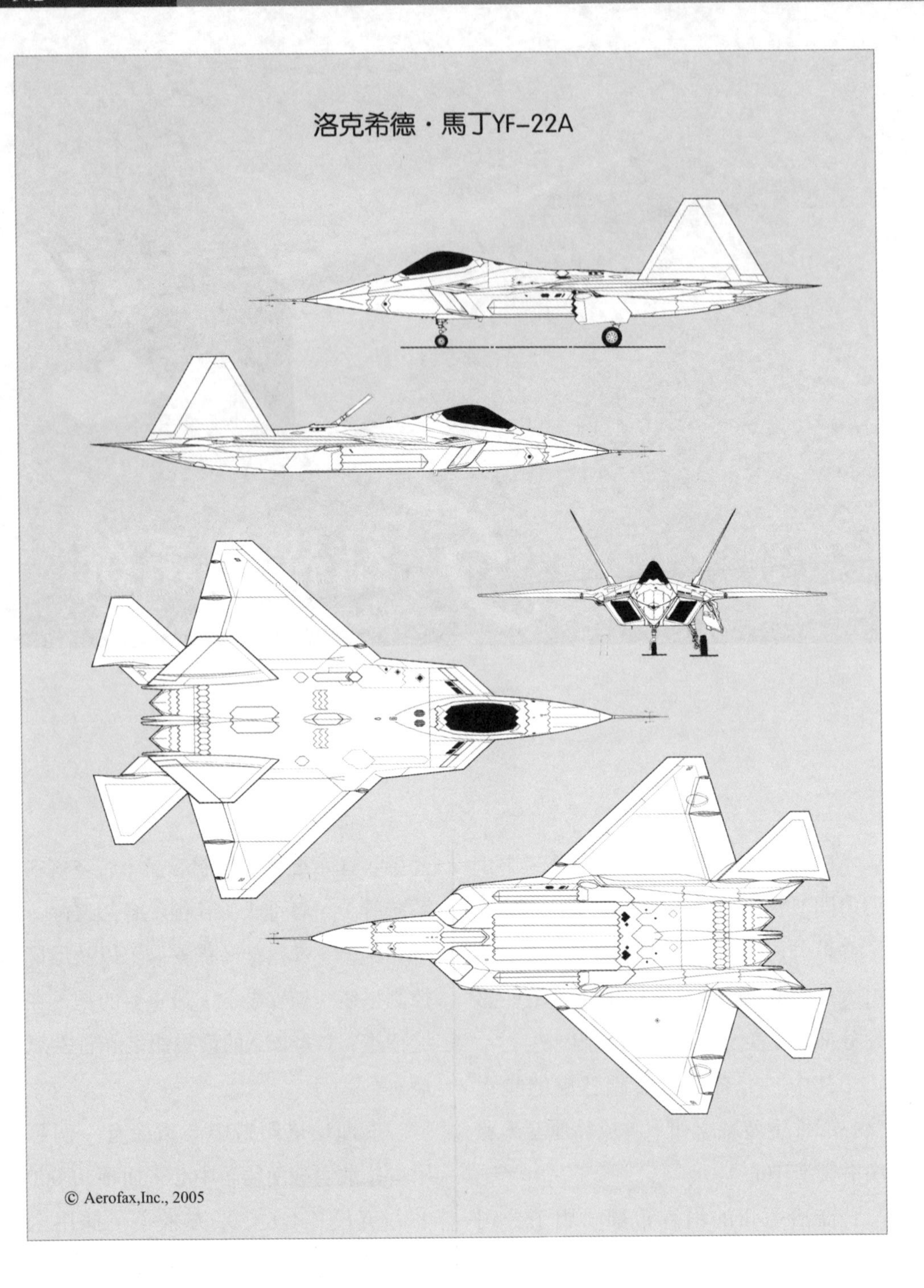
洛克希德・馬丁YF-22A
© Aerofax,Inc., 2005

核心部分是一個具有準確定位能力的旋轉測試台，直徑45英尺（13.7米），用於對F/A-22A進行全方面測試。同時，這個驗證中心還配備了一個獨立的吸波室，長210英尺（64米），寬60英尺（18.3米）。

另外，一個全自動化噴塗中心也建在瑪麗埃塔製造中心。這個43 000平方英尺（4 000平方米）的建築分為幾個獨立的區域，分別用於材料處理、零部件噴塗等。在其中一個巨大的隔間中，每架F/A-22A的外表面都被覆蓋特製的雷達波吸收材料（RAM）以及相關塗料。

位於德克薩斯州的洛克希德·馬丁公司的沃思堡製造中心生產中部機身。

位於加州的洛克希德·馬丁公司的帕姆代爾製造中心生產機頭整流罩和相關部件。

華盛頓州的波音公司西雅圖製造中心負責機翼和機身後部，包括發動機的安裝、輔助動力系統、制動系統的組裝，並負責航空電子設備綜合實驗室。

用於YF-22A的四大類先進複合材料（儘管YF-22A主要為金屬結構）現在又用於F/A-22A的製造，體現了研發

下圖：安裝了普惠公司F119-PW-100引擎的YF-22A（N22YF）在洛克希德·馬丁公司帕姆代爾製造中心著名的「臭鼬」工廠中進行最後組裝。

上圖：在瑪麗埃塔製造中心，正在加工F/A–22A的前部機身。

集團設計和生產複合材料零部件的能力。這些材料包括：濕性和幹性熱塑材料、雙馬來醯亞胺以及環氧熱固樹脂。其中，YF-22A的單片機翼蒙皮就是使用熱塑材料製成的。在YF-22A原型機上使用的各種材料有13%的石墨熱塑性塑膠、10%的熱固塑膠、33%的鋁、2%的先進鋁合金、24%的鈦、5%的鋼以及31%的其他各種材料。

F/A-22A工程開發樣機上則使用了1%的熱塑性塑膠、37%的鈦6-4、23%的熱固複合材料、10%的鋼化環氧複合材料、15%的鋁、6%的鋼以及3%的鈦6-22-22。

標準型F/A-22A略有不同，共使用了16%的鋁、39%的鈦（36%為鈦6-4，3%為鈦6-22-22）、6%的鋼、1%的熱塑性塑膠、24%的熱固複合材料、15%的其他各種材料。

複合材料由兩種以上有機或無機材料組成。其中，以一種材料作為基質，另一種材料則以連續的纖維形態按一種適當的方式分佈在基質上，從而讓材料得到加強。基質材料的作用是將加強纖維固定起來，並將力負載傳導到各個纖維上。加強材料則用於支持機械荷載，從而使複合材料結構滿足生產需要。

使用高溫和高壓將定向有機複合材料薄層疊壓在一起，就形成了複合材料結構層壓板。其中，每一片有機複合材料薄層都是將高強度、高係數、高密度的加強材料纖維嵌於樹脂材料基質上形成的。典型的加強纖維材料包括碳纖維、硼纖維、凱夫拉爾纖維49或玻璃纖維。基質材料可以使用熱固材料，如環氧樹脂、雙馬來醯二胺和聚醯亞胺，也可以使用熱塑性塑膠。如果使用的是熱固材料基層，則最後材料為一次成形，不能再次加工。如果使用熱塑性基層，則可以在重新加熱後對材料形狀進行再加工。

當前飛機上主要使用的複合材料部件主要採用熱固性基層。這項技術已經有20年的發展歷史。但僅在幾年前，熱塑性材料才被應用在航空領域。通過兩種材料結構應用上的互補性，能形成熱固性複合材料和熱塑性複合材料的最佳組合。這種組合曾用在YF-22A上，現在又用在F/A-22A上。在與空軍系統司令部簽署的一個合同專案中，洛克希德ATF小組曾使用熱塑性塑膠和先進工藝為通用動力公司的F-16生產了12個主起落架艙門。在這個項目的第二階段中，洛克希德小組還生產了三架通用戰鬥機中部機身，並創立和驗證了多種複合材料部件生產方法，如抽絲纏繞法、衝壓成形法、熱成形法、拉擠成形法和膠接法。

人們對兩架YF-22A以及各架F/A-22A工程開發樣機的外部形狀進行優化以減少雷達散射截面。而且，翼身混合結構不僅可以減少雷達散射截面，還可以提高結構效率，從而提供更大的內部油料容納空間。洛克希德公司通過系統工程的角度去解決低可見性的複雜問題，並基於這一問題建立相關的研發需求。然後，針對研發需求，設計出相應的飛機架構。隱形架構設計包括艙門/窗邊角導向設計和尾翼交感設計。

下圖：在沃思堡製造中心，正在加工F/A-22A的中部機身。

此外，低可見性的設計重點之一是子系統的隱形性能設計。比如引擎通氣道/管系統，就要在推進系統的效率和低可見性之間取得平衡。洛克希德公司採用了菱形進氣道設計，從而在不需要設計特殊的低可見性引擎壓縮機面（一般會對引擎的裝機推力產生較大的影響）的同時，保證滿足低可見性的要求。

機身：YF-22A的機身，同飛機的其他部分一樣，屬於多種材料混合結構。核心重點是低可見性技術，因此當飛機完成組裝後，在金屬元件表面覆蓋雷達波吸收材料和相關塗料。

機身採用模組化設計，並保證在不使用維修梯/台的情況下對飛機進行維護和保養。在機頭部分，設計了兩個大型航空電子設備艙，容納超過100種通用航空電子模組，並配備了液冷底盤。在出現故障的情況下，每個模組都可以獨立進行更換。

儘管使用的材料類似，但在幾乎所有其他方面，YF-22A的機身和F/A-22A的機身都有區別。F/A-22A機身是翼身融合體設計，前部直到機頭尖端呈半刃

上圖：在波音公司西雅圖製造中心，正在加工F/A–22A的後部機身。

狀。在機身前部、機頭和機翼前緣均安裝了各種類型的等角感測器，包括被動和主動型天線元件。

洛克希德・馬丁公司最近承認，這些內埋型感測器可以接收到目標散發的電磁波，接收頻率範圍達18GHz，並能對接收到的信號根據入射角和入射時間進行整理。從而快速定位目標，自動分析目標特徵，以達到快速識別的目的。再加上AN/APG-77雷達的配合，F/A-22A飛行員可以對戰場目標和各種威脅瞭若指掌。

飛機上的所有與機翼前/後緣相關的邊角都能高效滿足降低雷達散射截面（即隱形）的要求。

機身上擁有三個內部武器艙（兩個側艙和一個機腹主艙）。

F/A-22A的前部機身（由洛克希德・馬丁公司在瑪麗埃塔製造中心生產）是一個由鋁和複合材料組成的子結構體。它由雷達固定框的後部、駕駛艙區、前起落架機輪艙和F-1油箱組成。它包括大約3 000個零件，包括配電線路、管道、駕駛艙儀錶支座、航空電子設備支架和座艙蓋底座。它略長於17英尺（約5.2米），稍寬於5英尺（約1.5米），高大約5英尺8英寸（約1.73米），重大約1 700磅（772千克）。

前機身由兩部分組成，由兩根側梁及兩根縱梁連接起來。兩根側梁較寬且很長，而兩根縱梁貫穿整個前部機身。側梁由複合材料製成，並與F/A-22A的脊架連接。脊架保證從前部機身到翼身融合部都具有良好的氣動外形。17英尺（約5.2米）的鋁制縱梁則形成了駕駛員座艙的底框。座艙蓋就放置在它們上面。

座艙蓋的實際透明部分為3/4英寸（19毫米）厚的熔結體〔由兩片3/8英寸（9.5毫米）厚的透明體組成〕，是西埃爾辛・希爾瑪公司（Sierracin Sylmar Corporation）使用熱片材區域成型法制成的整體式的染色聚碳酸酯體（大約長140英寸，寬45英寸，高27英寸，350磅重，相當於長356釐米，寬114釐米，高

上圖：洛克希德・馬丁公司沃思堡製造中心的F/A-22A的CNI/EW系統（主動和被動型）模型。

下圖：在波音公司的生產線上正在組裝F/A-22A的後部機身。

上圖：F/A-22A中部機身在洛克希德・馬丁公司的組裝線上。

下圖：YF-22A座艙和相關操作板座。

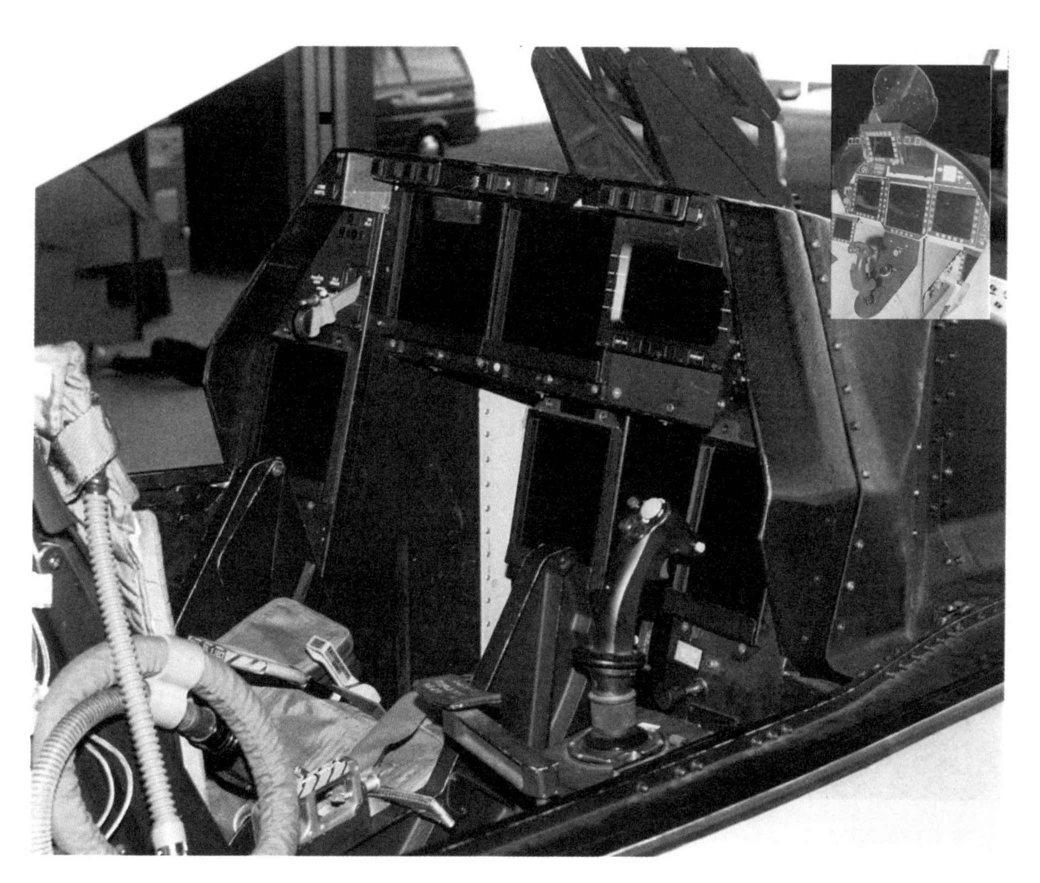

下圖：YF-22A的儀錶操縱板和駕駛杆。YF-22A的ACES Ⅱ彈射坐椅與F/A-22A的不同。它自動由接近垂直的狀態變成傾斜狀態。其後，飛行員完成彈射動作。圖為配備中置駕駛杆的原坐椅模型。

68.6釐米，重158千克）。整個座艙蓋由鋁架進行支撐，使用八元鎖具用於座艙閉鎖。同時，一體化加熱/除霜/除霧部件同艙蓋支架共同構成整體。座艙進/出梯可由飛行員放出或收起。

中部機身（由洛克希德·馬丁公司沃思堡製造中心製造）是F/A-22A主要部件中最大也是最複雜的部分。它大約17英尺（5.2米）長，15英尺（4.58米）寬，6英尺（1.83米）高，重8 500磅（3 860千克）。F/A-22A的所有系統都要通過中部機身，包括液壓、電子、環境控制、輔助動力系統以及燃料系統。另外，中部機身還有3個油箱、4個內部武器艙（2個側艙和主武器艙的兩個分室）、20毫米機炮和輔助動力裝置。

中段機身由3個模組組成，都應在各段機身裝配前同時進行組裝。中段

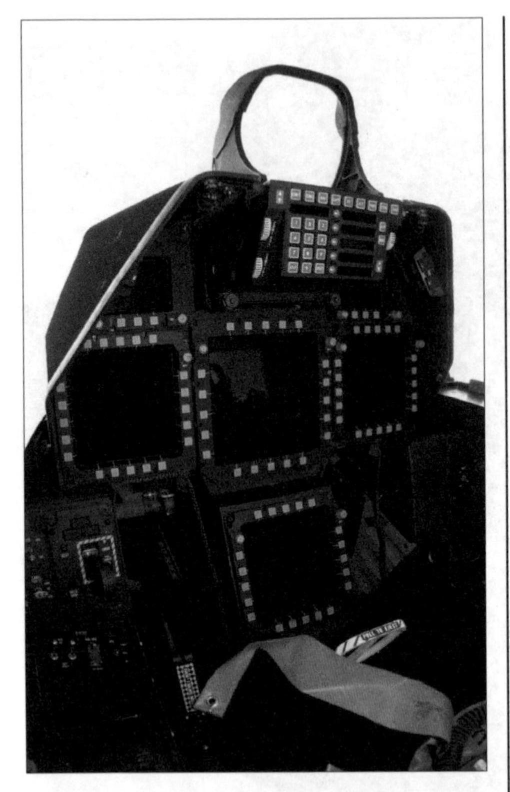

上圖：F/A-22A（00-4013）主儀錶操縱板。

機身的組成材料中有大約35%的鋁、23.5%的複合材料、35%的鈦（其中四個鈦制隔框之一是世界上曾在飛機上使用過的最大單體鈦合金鍛件）。這四個中部機身主隔框均為單體閉模鈦制鍛件。

後部機身（由波音公司肯特市製造中心製造）包括兩台F199引擎，以及飛機環境控制系統、燃油、電子、液壓和引擎子系統。後部機身要承受超音速巡航和大超載機動帶來的應力。後部機身的組成為大約67%的鈦、22%的鋁以及11%的複合材料。它大約有19英尺（5.8米）長，12英尺（3.7米）寬，重5 000（2 270千克）磅。

前桁架和後桁架都由鈦合金經過電弧焊接製成，這兩個大型結構占了後機身重量的大約25%。在兩個桁架中，前桁架較大，比後桁架長10英尺（3.05米），重650磅（295千克）。後機身的這些焊接桁架有著極高的結構效率，在很大程度上減少了傳統堅固件的使用，減少程度大約為75%。

位於後部機身的引擎艙門為鈦制蜂窩結構，採用液面擴散粘接法制成。

三個機身構段的蒙皮均採用石墨雙馬來醯亞胺材料。

後部機身還安裝有兩個小型尾桁，均採用電弧焊接技術完成組裝。

駕駛艙：YF-22A的座艙設計讓駕駛員擁有良好的視界，從而能更好地瞭解周邊態勢。同時，通過彩色液晶多功能顯示器和觸控式螢幕控制技術，最大限度地減少了駕駛員的工作負擔。液晶顯示器的重量更輕，需要的電能更少，體積更小，而顯示性能更好。YF-22A上使用的液晶顯示器使用了有源矩陣技術，可以更好地表現即時影像和圖片。顯示器在10千流明亮度環境下，可以達到12：1的對比度、200流明的亮度值。

每一台顯示器都包括兩個線性可替換單元（LRU），遙控電子單元和顯示單元。

座艙中共包括2台6英寸×6英寸（約20釐米×20釐米）多功能主顯示器，3台4英寸×6英寸（約10釐米×15釐米）多功能輔助顯示器。所有的顯示器都是由洛克希德公司研發的真色彩液晶顯示器。F/A-22A上安裝的是升級型的多功能顯示器，但使用了邊框按鈕替代了原有的觸控式螢幕技術，以便駕駛員進行飛行控制。

在F/A-22A的工程開發樣機和生產標準型機中，顯示裝置的組成包括：

綜合控制台（ICP），主要用於飛行員手動查詢通信、導航和自動駕駛資料。在遮光罩和抬頭（平視）顯示器的下方，位於操縱面板中央的袖珍鍵盤具有一些按兩下功能，類似電腦的滑鼠，便於飛行員的切入和使用。

座艙中共有6個液晶顯示器。它們可以在陽光直射的條件下，使用真實色彩表現出能夠輕易識讀的資訊。液晶顯示器比陰極射線管顯示器（CRT）的重量更輕、體積更小。但現在美國大部分作戰飛機上仍使用陰極射線管顯示器。液晶顯示器所需的電能更少，這也使液晶顯示器具有比陰極射線管顯示器更高的可靠性。

在綜合控制台（ICP）的兩側各有一個前上方顯示器（UFD），大小為3英寸×4英寸（約7.6釐米×10釐米）。這兩個顯示器用於顯示綜合提示/通告/警告（ICAW）資料、通信/導航/識別資料、備用飛行儀錶和油量指示資料。

在前上方顯示器中，每次可以顯示12條綜合提示/通告/警告資料，而且在顯示器的子頁上還可以顯示額外的資訊。ICAW顯示器與傳統的警告燈面板在兩個方面不同：

首先，所有的綜合提示/通告/警告資料都會濾去無用的資訊，而簡明扼要地告訴飛行員真正的重點。

其二，它具備電子檢修單。當顯示了一條ICAW資訊後，如果飛行員按下位于前上方顯示器底部的「電子檢修單下拉按鈕」（一個邊框按鈕），那麼相關的檢修單就會出現在左邊的多功能輔助顯示器上（SMFD）。而且，這個功能還能為駕駛員顯示非緊急性檢修單。

下圖：F/A-22A座艙左側HOTAS型油門杆。

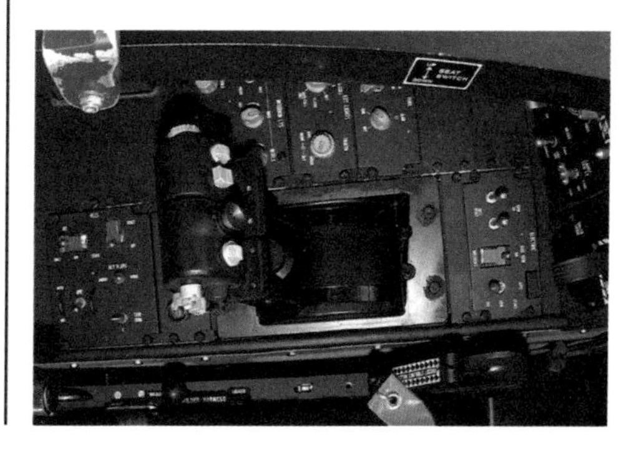

除了視覺警告外，F/A-22A還裝備了聲音警告系統。如果出現一條「提示」資訊時，聲音警告系統僅僅說「提示」兩個字。但當出現一條「警告」資訊時，特定程式就會讀出資訊的內容。

備用飛行儀錶組總是處於運轉中，但只顯示基本的飛行資訊（如飛機水準等）。後備飛行儀錶組與飛機的備用電源相連，所以即使其他所有儀錶都失靈，駕駛員仍可以借助這些儀錶進行飛行。

多功能主顯示器（PMFD）為彩色顯示器，規格為8英寸×8英寸（約20釐米×20釐米）。它位於儀錶操縱板的中央，綜合控制台的下方。它作為飛行員的主顯示器，顯示飛機導航資訊（包括航向點和航線）以及態勢評判。

3台多功能輔助顯示器的規格都是6.25英寸×6.25英寸（約16釐米×16釐米），其中主顯示器兩側各一台，第3台位於主顯示器下方、飛行員兩腿之間。這些輔助顯示器用於顯示戰術資訊（攻擊/防守）和非戰術資訊（檢修表、子系統狀態、引擎推力輸出、彈藥管理）。

在YF-22A上，使用前上方顯示器，顯示通信/導航/識別資料以及提示/通告/警告資訊。

F/A-22A的通信/導航/識別系統包括全球定位系統（GPS）、塔康導航系統、兩個鐳射陀螺儀的超黃蜂LN-100F慣性導航系統。後者位於機身的中心線上，頭對頭地安裝于雷達後方，通過專用資料總線為駕駛員提供獨立的航空資料。LN-100F系統同時作為GPS的後備系統。

通用電氣公司生產的抬頭（平視）顯示器（視界：水準30°，垂直25°）上顯示主要飛行參數、武器瞄準/射擊資訊。抬頭（平視）顯示器的高度為4.5英寸（約11.4釐米），使用空軍儀錶飛行中心制定的標準化符號，完全符合夜視護目要求。後備飛行性能資訊則由全時運行的後備飛行儀錶組提供。

通過自動感測器、威脅評判和攻擊管理任務系統，可以說明駕駛員更好地評判戰術形勢並發動攻擊。這些系統可以讓飛行員從日常的繁瑣操作中解脫出來，提供戰場形勢資訊，說明飛行員

下圖：F/A–22A座艙左側控制設備包括油門和起落架收/放把手。

作出戰術決策，以保證在戰鬥中取得優勢。

提示/警告/通告系統用於替代老式戰鬥機中的警告燈光。這些警告燈光產生了過多無用的和沒有必要的資訊。而人聲提示系統又作為前上方控制/顯示單元中提示/警告/通告資訊的後備系統。這些系統不僅讓飛行員瞭解故障的相關資訊，還讓飛行員知道如何正確地修復這些故障。

駕駛艙內安裝了側面操縱杆（而不是按原設計採用中部操縱杆）和傳統舵面踏板。無論在視界外發動攻擊，還是近距離進行空中格鬥，手控油門和側杆操縱（HOTAS）方式都可以讓飛行員不需要把手離開駕駛杆和油門去操縱攻擊/防禦感測器和武器。綜合油門控制裝置可以讓飛行員用單手控制兩個引擎。油門把手的設計讓飛行員操縱油門得心應手，握持感也相當舒適。同時，艙內也安裝了控制單個引擎的輔助控制裝置。手控油門和側杆操縱系統共包括20種控制方式，63種功能。

下圖：F/A-22A座艙右側控制設備包括駕駛杆和相關可調節式武器控制設備。

座艙內部/外部燈光均符合夜視護目要求。座艙儀錶操縱板均為長壽命、自平衡的電場發光邊角照明操縱板，配備一體式壽命極限迴圈裝置，可以在照明燈的整個壽命週期內一直採用合理的電流強度。

座艙的設計可以容納美國99%的飛行員，並為他們提供一個安全、舒適的工作環境。所有必需的操作設備和顯示裝置的位置、距離都讓駕駛員感到舒適、輕鬆。

F/A-22A的彈射坐椅是ACESⅡ型先進概念彈射坐椅的改進型。彈射座椅

安裝有中央彈射手柄（在飛行員兩腿之間）。對ACES II 型彈射坐椅的改進包括：

- 增加了活動手臂限制系統，以防止在高速彈射中因臂枷而引起飛行員受傷。
- 改進了快速穩定坐椅減速傘系統，以在高速彈射中保證坐椅的穩定性和安全性。其中，漏斗型減速傘安裝在飛行員的頭部後方，而不是在坐椅後方。採用彈臼噴射的方法彈出。
- 採用新型坐椅/飛機排序系統，用於改進坐椅彈射時各種必要事件的定時（初始化，拋蓋，坐椅彈射器點火）。
- 採用更大的氧氣瓶，以便需要在高空將飛行員彈射出艙時，為其提供更多的呼吸用氣。

ACES II 彈射系統使用標準類比三態坐椅排序裝置，可以自動感應坐椅的速度和高度，並相應選擇合適的最佳模式，從而調整坐椅的性能，說明救出飛行員。模式一是低速，低空；模式二是高速，低空；模式三是高速，高空。

當坐在坐艙中時，飛行員的視角高於機頭15°。

新型戰術生命支援系統（TLSS）飛行服和相關設備的研發完全抵銷了對鉸接式坐椅的需要。戰術生命支援系統更好地保護飛行員免受大載荷機動的傷害，採用全身分體式抗荷服和主動型壓力呼吸系統。這套飛行服還能避免飛行員遭到化學武器和冷水浸入的傷害。同時，飛行服中的個人加熱控制系統能夠保證飛行員的舒適性，而環境控制系統控制著座艙溫度。

同時，飛行員還將配備「元研究」生命支援系統增壓服和HGU-86/P頭盔（當前）。HGU-86/P頭盔今後將更換為一種整合了聯合頭盔指示系統（波音公司研發）的先進技術頭盔，但現在因為「技術問題」，這種新型頭盔尚不能交付使用。這種先進頭盔讓飛行員僅使用頭部的動作就能進行空對空導彈的近距離目標瞄準。它是為了對抗「離軸狀態導彈發射能力」而設計的，俄羅斯大部分最先進的戰機現在都具備這種發射能力。飛行員還配備了ILCDover抗化學/生物/冷水浸入生命支援服。

F/A-22A工程開發樣機使用的多功能主顯示器（MFD）的控制裝置和YF-22A相當不同。由於觸控式螢幕的困難，主要是無法提供觸覺回饋，迫使空軍仍採取傳統方式，在顯示器邊框周圍設置操縱按鈕。

通過排序和融合後的相關資訊，

顯示在6台桑德爾/凱撒（OIS）彩色有源矩陣液晶多功能顯示器上。其中，主顯示器的規格為8英寸 × 8英寸（20釐米 × 20釐米），兩台前上方顯示器的規格為3英寸 × 4英寸（7.6釐米 × 10釐米），3台輔助顯示器的規格為6.25英寸 × 6.25英寸（16釐米 × 16釐米）。同時，整合了提示/通告/警告（CAW）資訊系統，可以在前上方顯示器每次同時顯示12條簡明資訊。同時，也可以在顯示器的子頁上查詢到詳細資訊。

採用了兩台小型LN-100G鐳射陀螺儀作為慣性參照系統。同時，前上方顯示器還提供了全球定位系統（GPS）資料。

由通用電氣-馬可尼（GEC-Marconi）公司生產的抬頭（平視）顯示器，為飛行員提供了廣闊的視場（水準30°，垂直25°）。即使座艙蓋經受撞擊，抬頭（平視）顯示器也會呈粉碎狀，而不會出現尖利棱角劃破艙蓋透明體。F/A-22A還裝備了一套桑德爾影像處理器視頻界面單元（GPVI）；一台空中帶式錄影機；一套作戰指令系統（ODS）和一個通用自動測試系統（CATS）。同時，飛機上還裝備了光纖網路接口單元（FNIU）、航空電子設備總線接口（ABI）、光纖總線元件（哈裡斯政府航空航太公司生產）。

F/A-22A還配備了微波著陸系統。

上圖：F/A-22A儀錶操縱板和多功能顯示器的全視圖。

在前起落架艙門內部安裝了滑翔斜率天線。

F/A-22A的座艙環境控制系統/溫度管理系統（ECS/TMS）是由霍尼韋爾（Honeywell）公司生產的。這是一種開環空氣循環系統，在作為飛行員的生命支援系統的同時，也作為關鍵航空電子設備的冷卻設備。它通過一個主熱交換儀的空氣迴圈製冷塊對引擎/輔助動力系統元件進行冷卻。另外，一套閉環式蒸氣循環系統通過液冷的方法（使用聚α烯烴製冷液，PAO）為重要航空電子設備提供製冷，並保證溫度恒定在20℃。飛機的油料供應管線也用於吸收系統中的熱量，再使用氣冷系統將燃油中的熱量散發掉。

在F/A-22A的生命支援系統中還有

上兩圖：儀錶操縱板和光柵式全息抬頭（平視）顯示器。

一套蓋瑞特公司生產的機載氧氣產生系統（OBOGS），提供飛行員的呼吸用氧。

火災保護系統使用紅外和紫外感測器來探測火源，用Halon1301鹵素滅火劑滅火。但這種滅火劑會對環境產生危害，所以空軍後來改用其他滅火劑。火災保護系統安裝於飛機引擎艙、輔助動力單元、起落架艙、機身側艙、線性無鏈彈藥處理系統、機載惰性氣體發生系統、兩側氣冷式燃油冷卻器和環境控制系統艙內。相關資訊可以在前上方顯示器中顯示出來，通過查詢子頁還可以得到更詳細的資訊。

飛行控制系統：由通用動力公司研發的YF-22A飛行控制系統是一套全電腦化駕駛系統。研發工作始於1987年，最多時共有60名科研人員參與相關工作。通用動力公司參與了以下設計；YF-22A控制面大小和形狀、控制面傳動器的類型、為滿足先進戰術戰鬥機作戰需要而應具備的機動性程度。此外，通用動力公司飛行控制工程小組也參加了風洞測試專案，並參與設計了YF-22A的控制規則。

YF-22A採用了更簡單的餘度管理技術，設計為四重餘度數字飛行控制電腦（FLCC）架構，但飛行控制電腦對控制面傳動器的輸出為三重餘度。由油門把手、操縱杆或腳舵傳來的命令信號會在飛行控制電腦中進行初始化。飛行控制電腦會根據飛機高度、速度和加速度以及傾角等資料，對相應的命令進行處理。

採用電腦化飛行控制系統的原因之一是F/A-22A使用了縱面弛豫靜態穩定架構。這種架構具備自動化荷載極限，允許在飛機整個性能範圍內使用能夠承受的最大荷載值。

上圖：2A的彈射坐椅的基礎進行了種種改進，其中增設了臂網和腿部限制器。

F/A-22A使用的飛機管理系統（李爾航太公司生產）將飛行控制和推力系統管理緊密地融合起來。這套一體化飛機控制子系統（IVSC）通過數位資料總線進行操作。在飛機管理系統、子系統管理系統及彈藥管理系統中，共使用了18顆雷神1750A通用處理器模組。

飛機管理系統還整合了低可見性飛行資料系統（羅斯蒙特公司研發），包括兩個攻角狀態探測器和四個側滑板式感測器。這些感測器均安裝在機頭部分。

F/A-22A是同類飛機中第一個使用三重冗餘數位飛行控制電腦結構的飛機，並放棄了電子/機械後備控制系統。在某個傳動器或液壓系統故障的情況下，這種系統可以自動對飛機進行重置。F/A-22A飛機控制系統共控制14個操縱面/門，包括水準尾翼、副翼、襟副翼、舵面、前緣副翼、進氣道排風門和旁路門。

F/A-22A沒有攻角限制。但電腦會在機身超載時自動限制飛機的橫滾角速度和負載係數。在調整過程中，電腦會綜合計算飛機的燃料狀態、彈藥/掛載以及整體飛行狀態。

機載電子系統：F/A-22A的航空電子系統具有很高的集成度，適於單人操作並且反應快速。所有洛克希德·馬丁

下圖：從坐椅後方對駕駛艙的視角圖，包括座艙蓋升/降蝸杆驅動和座艙蓋絞鏈。

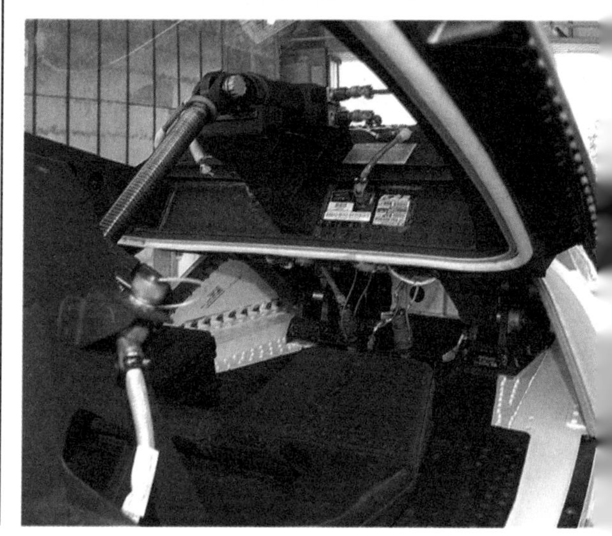

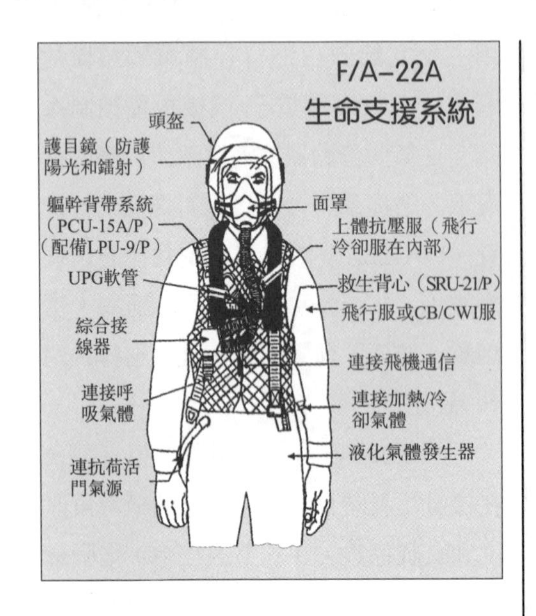

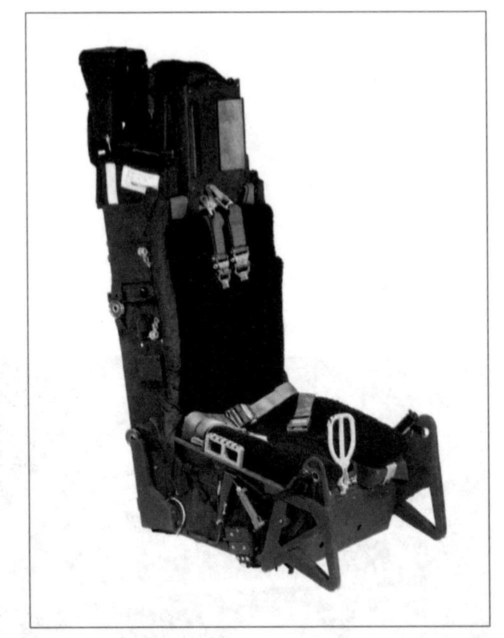

上圖：在F/A-22A上安裝的ACES Ⅱ彈射坐椅與老式的ACES Ⅱ型彈射坐椅有很多不同。它採用電子測序，點火處置傳動器，雙燃料管配備光熱電池。在這一點上，所有的燃料管均採用電信號驅動。

工程小組共同的一個準則是，F/A-22A的設計應保證先敵發現。因此，F/A-22A的航空電子系統的設計保證了資訊來源的多樣性以及資訊表達的直觀性，從而保證飛行員能夠快速瞭解戰術態勢。

雷達系統、雷達警告和接收、通信/識別系統全部通過一個單乘員系統進行即時控制。在初始狀態中，所有航空感測器均為被動狀態，以降低F/A-22A的電磁波散射。但根據飛行員的命令和戰術態勢，這些感測器可以逐漸進入全主動狀態。全部航空電子系統的功能由兩個CIP（中央集成處理器）控制，包括自我保護、無線電設備以及操縱面板狀態。當系統出現故障時，它們可以自動重置系統。兩顆處理器（可以擴展為3顆）通過400M頻寬的光纖網路與系統相連。

一套內環式蒸氣循環系統為它們提供製冷（使用聚α烯烴製冷液，PAO），同時，飛機燃料管道也能夠帶走熱量。

F/A-22A的部分天線，如通信、導航和敵我識別天線以等角的方式集成在機身內部。其他天線則安裝在機翼和垂直尾翼前緣。選擇天線具備多種功能，它使用共用部件進行雷達跟蹤警告、導彈發射檢測和威脅識別。

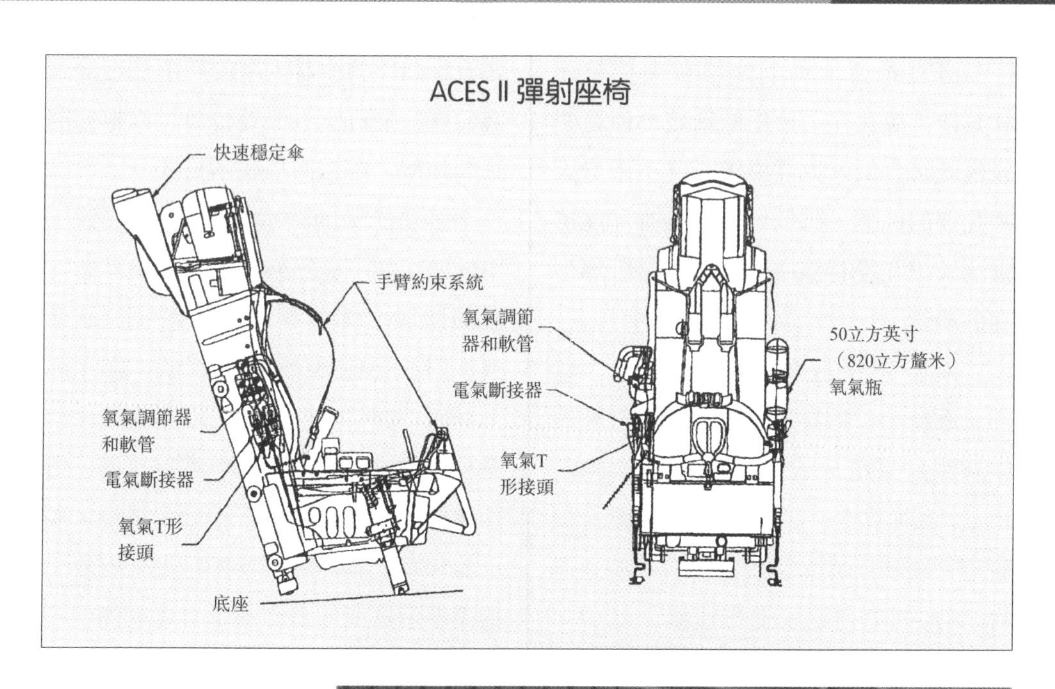

本頁圖：F/A-22A座艙蓋的不同視圖。座艙蓋由多重層板構成，並根據低可見性需要進行優化。

洛克希德·馬丁公司在火控雷達和其他天線孔徑上使用的新技術使這些設備既符合低可見性要求，又不影響天線孔徑的性能。將低可見性機身和隱形雷達天線孔徑有機結合起來，是戰場生存的關鍵。

航空電子設備系統被稱為「聯邦」系統，包括雷達系統、機載紅外搜索與跟蹤系統、威脅檢測系統、通信/導航/識別系統、武器系統、各種飛機管理系統和反導彈系統。所有系統通過1M頻寬的串列總線進行連接。其中，通信/導航/識別系統也包括聯合戰術資訊分發系統（僅接收）終端。F/A-22A電子戰系統具備多種功能，以對抗先進雷達系統和遠端多譜段電子戰武器，還包括雷達警告接收器、導彈接近警告、紅外和FIF反導彈系統以及電子支援措施功能。而機載電子設備的準確尋向功能也有助於飛行員瞭解戰術態勢。以上所有功能使用了大約70個標準電子模組E（SEME）集成元件，並同中央集成處理器電腦（休斯航空雷達系統集團研發）連接在一起。

在YF-22A原型機上，左側多功能主顯示器（1號）可以拆除，以便安裝一個顫振激勵系統操作面板或螺旋改出傘控制台。而右側多功能主顯示器一直沒有安裝，取而代之的是一台專用可程式設計CRT顯示器，用於顯示飛行測試機頭懸杆飛行資料。飛行員可以根據測試的類型，選擇四種顯示格式。

多功能輔助顯示器（4、5、6號）用於顯示如下資訊格式：子系統狀態、燃油狀態、彈藥狀態、子系統控制參數。對於通信/導航/識別系統，顯示如下頁面：通信選項頁面、塔康導航系統選項頁面、敵我識別系統選項頁面、慣性導航裝置選項頁面。抬頭（平視）顯示器和垂直姿態顯示器顯示如下資料：抬頭顯示器簡明頁面和垂直姿態簡明頁面。對於綜合飛行/推進控制系統，顯示如下頁面：引擎控制頁面和飛行測試輔助頁面。對於任務資料基礎，顯示如下頁面：通信清單頁面，塔康導航系統清單頁面，航向點清單頁面。其中，飛行測試輔助頁面可以說明飛行員選擇不同的預程式設計控制規則選項；進行自動俯仰、偏航或橫滾雙峰；在最大允許範圍內調整負載係數百分比；選擇不同的噴口面積比和噴口縱傾角。

YF-22A原型機的航空電子設備系統和軟體系統於1990年4月18日在波音公司華盛頓州西雅圖製造中心開始進行測試。使用波音757飛行測試平臺（原稱為機載電子設備飛行實驗室測試機）進行了4個月的測試。在飛行測試平臺上測試的YF-22感測器之中也包括

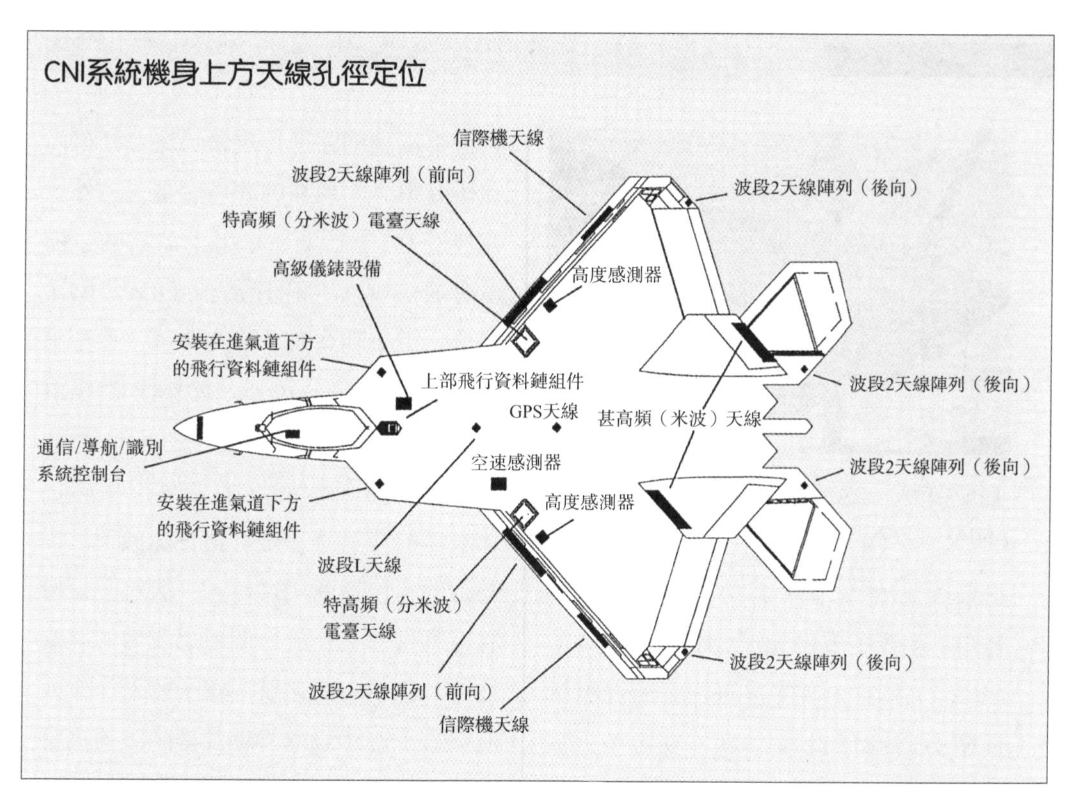

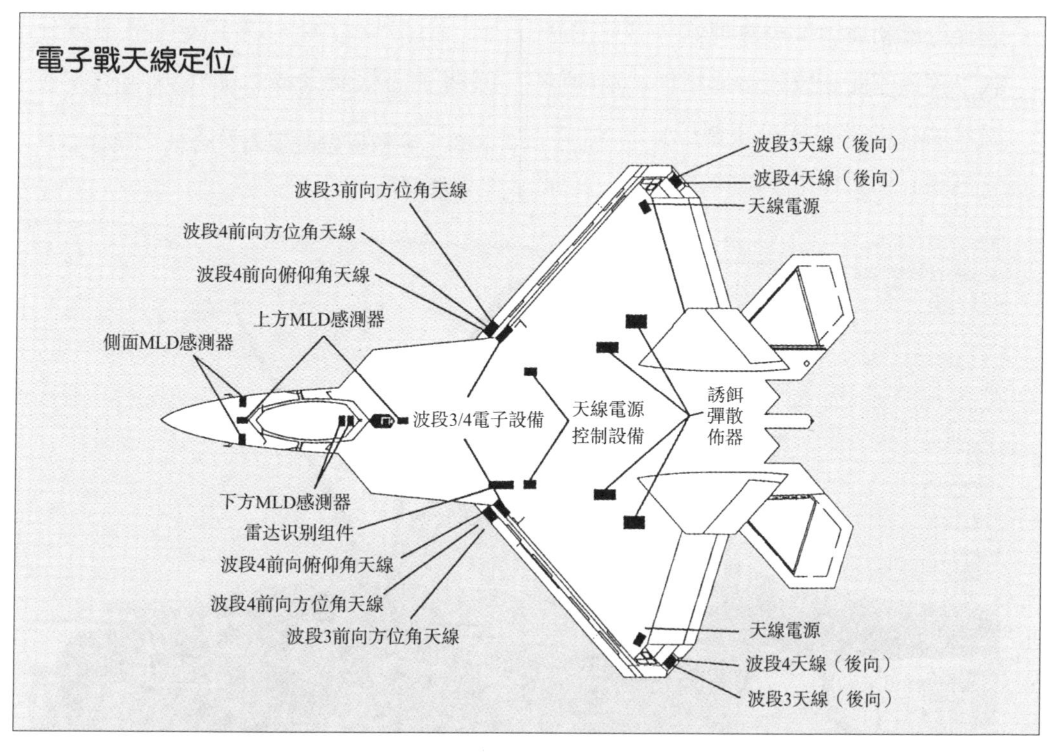

上兩圖：F/A–22A通信/導航/敵我識別（CNI）系統天線和電子戰系統天線（被動/主動）位置。

上圖：F/A–22A的雷達天線罩/整流罩也是AN/APG–77雷達的一部分。

諾斯羅普/格魯曼・雷神公司（前西屋公司）生產的有源電子掃描陣相列AN/APG-77雷達。該雷達的首次飛行測試日期為1997年11月21日。在F/A-22A上，這種雷達配備了整體式複合材料雷達天線罩和通用集成處理器。另外還測試了兩個側面相控陣雷達組件。這兩個組件將在以後安裝在新型F/A-22A上。它們將起到聚焦電子波束的作用，從而對敵軍電腦網路進行攻擊，這一任務尚在研究中，即現在的蘇塔計畫。另外，在波音757飛行測試平臺上測試的設備還有通信/導航/識別系統（TRW集團研發）、電子戰系統（洛克希德・桑德爾公司/通用電氣公司）、紅外搜索/跟蹤單元（通用電氣公司）。

在使用飛行測試平臺進行相關電子設備的測試時，是針對各種機會目標進行的，包括商用目標、一般航空目標和軍事目標。對於每個傳感設備的裝機性能，包括一體化航空電子體系、作戰航空電子傳感設備管理及傳感設備追蹤一體化功能，都進行了逐一測試。

由洛克希德・馬丁公司桑德爾分部開發的軟體系統以版本升級的方式

下圖：尖角型整流罩為符合低可見性要求的最終產品。

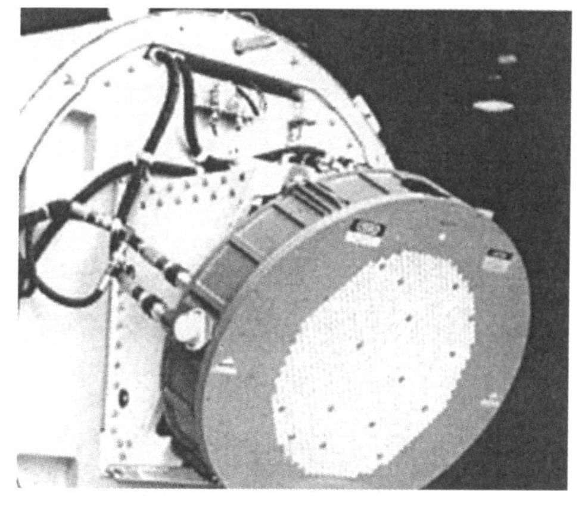

上兩圖和右圖：F/A-22A裝備的AN/APG-77多模電子掃描雷達，由諾斯羅普・格魯曼公司和雷神公司合作研發。它可能是世界上同類雷達中最先進的產品。這三幅圖片中的雷達並不是F/A-22A上安裝的AN/APG-77雷達，而是該種雷達的原型機。為了達到低可見性要求，這種雷達是嚴格以一種向上的低角姿態安裝的。

交付F/A-22A專案組。Block 0軟體用於最初的飛行測試。Block 1.1（增加了雷達和航空電子設備系統原始程式碼）於1999年安裝在F/A-22A（'4004）上。Block 2（增加了感測器綜合功能：無線電頻率協調，電子戰功能選擇）在1999年10月安裝在波音757飛行平臺上進行測試（僅供測試）。Block 3S增加了通訊/導航/敵我識別和電子反干擾功能。Block 3.0，提供了全感測器集成和武器發射能力。2000年第4季度，在波音757飛行控制平臺上進行了測試。2001年1月5日，在F/A-22A上進行了首次測試。Block 3.1整合了GBU-32聯合直接打擊炸彈、GPS功能和聯合戰術資訊分發系統（JTIDS），並首次安裝在具備初始作能能力的F/A-22A上。Block 4.0提供了盔視功能、AIM-9X導彈和聯合戰術資訊分發系統的資料交換功能。Block 5.0和6.0還未完成。但計畫會在2006年安裝在F/A-22A上，並提供增強的空對地攻擊能力（包括小半徑炸彈SDB的投放能力）。

所有的適航型F/A-22A都將配備綜

合飛行資料鏈（IFDL）系統（諾斯羅普・格魯曼公司無線設備系統開發）。這套系統是通信/導航/識別（CNI）系統的一部分。綜合飛行資料鏈可以讓F/A-22A編隊共用資訊。資訊來源可以是各架飛機上的機載感測器，比如某架飛機AN/APG-77雷達對目標的探查資訊，也可以是地面感測器。這樣，可以避免彈藥浪費，比如多架F/A-22A同時鎖定同一目標並發射導彈。資料鏈系統也可以讓編隊長機隨時瞭解僚機情況，並掌握整個編隊的彈藥量和油量，從而保證成功完成任務。通過使用資料鏈系統，使參與任務的所有F/A-22A和飛行員可以在最大限度上提高作戰效率。

在愛德華茲空軍基地的一架F/A-22A的配合下，綜合飛行資料鏈系統的性能先在波音飛行測試平臺上進行了首次驗證（空中和地面）。在三天測試中，空中測試平臺的測試結果表明，即使在快/慢速橫滾以及高載荷機動狀態下，長機同僚機也能使用綜合飛行資料鏈進行資料共用。最早的綜合飛行資料鏈的測試也使用了空中測試平臺和地面航空電子設備綜合實驗室（位於波音公司西雅圖製造中心）。通過在波音757測試平臺上對航空電子設備進行大量的飛行測試、評價和故障檢測，既有助於減少工程風險，也有助於減少F/A-22A的飛行測試時間。

雷達系統：諾斯羅普・格魯曼公司和雷神公司合作開發的第三代AN/APG-77多模態雷達正安裝到所有的Lot4（正式生產第四批次）F/A-22A上。這種雷達採用有源電子掃描相控陣天線，具有極強的隱形性能，與之配套工作的元件有雷達天線罩（由洛克希姆・馬丁公司帕姆代爾製造中心生產）和通用集成處理器。它可以進行空對空交叉掃描以及多目標追蹤。它同時具備天氣映射模式、側相控陣掃描能力，如果必要的話還可以具備空對地能力。

有源相控陣雷達由大量（經常有幾千個）小型固態收/發單元組成。其中每一個單元都可以獨立程式設計，以執行特定任務。這些小型固態發射/接收單元能夠同時對目標飛機進行搜索、追蹤和測繪。在某些情況下，能夠阻塞敵機雷達和相關通信系統。後者為雷神阻塞系統（研發中）的一部分。到2008年，這一功能將成為F/A-22A電子戰系統的組成部分。

根據某些資料，這種雷達可以追蹤125英里（200千米）外面積為10.76平方英尺（1平方米）的目標。而且，它具備多模態和寬探測角。用Ada代碼編制的相關軟體（80萬行代碼）也已經通過驗證。

2004年6月11日，諾斯羅普·格魯曼公司成功進行了第四代新型AN/APG-77雷達的首次飛行測試。新型AN/APG-77雷達的維護和生產成本比上一代雷達更少。這種設計已成功地在AN/APG-81雷達（用於洛克希德·馬丁F-35聯合攻擊戰鬥機）和AN/APG-80雷達（用於洛克希德·馬丁F-16戰鬥機，配備Block 6.0軟體）上實現。

新型AN/APG-77雷達的部件數量也比上一代雷達少得多。其生產線的自動化水準也更高。新型雷達能夠進行高解析度的地面目標測繪，從而讓戰機具備全天候準確打擊能力。這將讓F/A-22A變成一架真正的多功能戰機。諾斯羅普·格魯曼公司計畫為F/A-22A交付203台AN/APG-77雷達。

從F/A-22A的第5批次生產開始（2008年末），新型AN/APG-77雷達將使F/A-22A具備先進的空對地攻擊能力，可能還會具備先進的對敵頻段阻塞能力。與過去和現在所使用的寬頻段、無方向的對敵阻塞手段相比，新型有源相控陣雷達可以探測和識別特定的敵對威脅，並針對目標頻段實施特定的阻塞攻擊。阻塞重點將放在敵人的資料傳輸和防空雷達系統上。這樣做，還可以減少電子雜波總量，使F/A-22A能監測敵人的通信和其他重要電子資料來源。

機翼：YF-22A和F/A-22A使用的截角型三角翼平面在材料和結構上略有不同。在YF-22A原形機上，使用的是熱塑性材料蒙皮，而在生產型F/A-22A上，則使用了更廉價的熱固性材料。在生產型F/A-22A上，機翼蒙皮由整體石墨雙馬來醯二胺材料製成。機翼主樑（前部）是機制鈦金鍛件，中梁為樹脂傳遞模塑（RTM）正弦複合材料和鈦的混合結構體（鈦用於加強翼內油箱）。後樑也是複合材料和鈦的混合結構體。根據重量，所用材料中包括35%的複合材料、42%的鈦、23%的鋁和其他材料，如鋼制扣件和夾具等。每個機翼的規格為16英尺×18英尺（前緣，約合4.9米×5.5米），重量大約為2 000磅（908千克）。

機翼根部和控制面傳動器整流板為鈦/耐衝擊性聚苯乙烯（HIP）複合鑄件，而機翼控制面的蒙皮/子結構是由共同固化複合材料製成的，而核心結構採用非金屬蜂窩結構。

每個機翼配備了單片後緣副翼（外側）和一個大型單片襟副翼（內側），由派克·伯蒂公司（PakerBertea）生產的傳動器驅動。前緣襟翼也採用單片結構，全翼展長度，由庫爾提斯·萊特飛行系統公司（Curtiss-Wright-FlightSystems）生產的傳動器驅動。

上兩圖：F/A–22A機翼蒙皮由單片石墨雙馬來醯二胺材料製成。機翼由波音公司在肯特市的大型組裝線完成組裝。

機翼前緣後掠角為42°（YF-22A為48°），後緣掠角（向前）為17°（與YF-22A相同），後者的外舷副翼角增加到42°。

洛克希德·馬丁公司設計的機翼剖面比大約為3.8%，並對翼型進行優化，以更適合跨音速飛行。機翼根部近于翼身融合結構，從而保證飛機的隱形和空氣動力性。翼斜削度率為0.169。前緣上反角為3.25°，翼根扭轉角為0.5°。翼尖扭轉角為-3.1°。機翼厚度/弦長比在機翼根部為5.92%，在機翼尖部為4.29%。

橫滾控制由副翼（±25°）、襟副翼（+25°到-35°）和水準尾翼（前緣+30°到-25°）的共同動作來完成。兩側襟翼（+3°到-35°；最大為+5°到-37°）、副翼和襟副翼的對稱動作，可以控制飛機的攻角、速度和起落架定位。所有的控制面均為液壓驅動。所有的控制面在低速飛行時下垂，可以獲得更大的升力。

尾翼面：水準和垂直尾翼使用「牽引式安裝」複合材料樞軸支撐鋁制蜂窩結構體組成。蒙皮同機翼一樣，使用固態石墨雙馬來醯二胺。翼檣採用石墨過氧樹脂傳遞模塑結構。水準尾翼和垂直尾翼設計為飛機提供靈活的機動能力和戰鬥損壞冗餘控制。舵面傳動器位於高溫等靜壓（HIP）艙。

水準尾翼的對稱動作（前緣+30°到-35°）以及引擎噴口的調節可控制飛機的俯仰狀態。標準型F/A-22A的垂直尾翼採用金屬基複合材料（MMC）。

舵面用於控制飛行方向以及協調飛機的橫滾機動。水準尾翼前緣面後掠角為42°（與機翼一致），沒有反角和扭轉結構。

兩個垂直尾翼各外傾28°，以減少飛機的雷達散射截面。前緣和後緣掠角均為22.9°。翼面剖面為雙凸形。在舵面模式中，雙舵面可在±30°之間活動。在剎車模式中，雙舵面各向外舷方向旋轉30°。

F/A-22A的飛行控制系統為三重餘度數字電腦控制系統，並採用通用電氣公司研發的側裝操縱杆。它採用線性可替換電子模組，以方便F/A-22A維護保養。F/A-22A沒有減速板，但可以使用兩個舵面和機翼後緣控制面進行減速。

起落架：由門納斯克（Menasco）公司生產的全伸縮前三點式起落架採用傳統佈局和設計。起落架可以承受每秒10米的著陸速度。

其中的前起落架，由液壓驅動方

下兩圖：兩架已完成組裝但尚未噴塗隱形材料的F/A–22A機翼，包括相關操縱面及前緣襟翼。

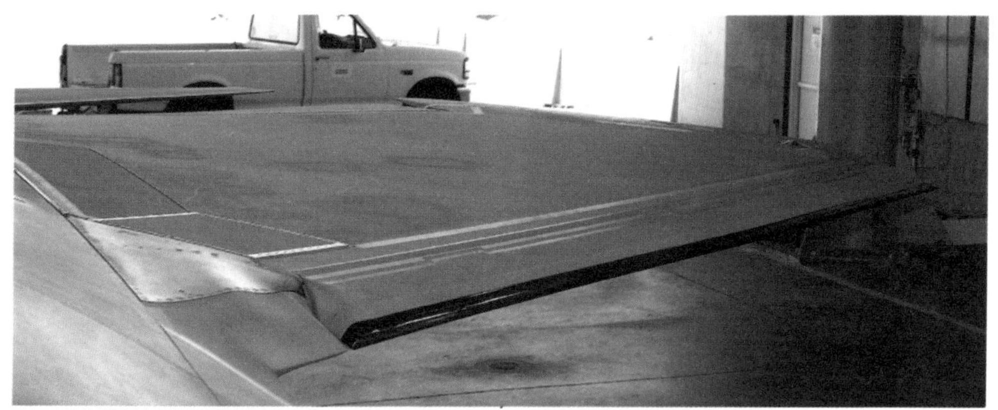

上圖：F/A-22A前部機身和進氣道。

右圖：機翼下表面，菱形處覆蓋著外部彈藥掛架安裝點。

下圖：左翼翼梢編隊燈。

下圖：左部進氣道頂部邊緣和上表面細節。

式進行轉向操作，由機械驅動方式向前收起並對齊機身中心線。

兩個主起落架採用Airmen 100抗疲勞合金鋼材料，向外側收起，收起後機輪朝向翼尖方向。主起落架的伸縮採用獨立液體衝壓式傳動器。兩個主起落架由霍尼韋爾公司生產，每一個都配備有聯合信號公司生產的Carbonex 4000碳素主輪防輪剎車盤。

每個主起落架艙也配備有單片複合材料艙門。前起落架艙門是雙片結構。主起落架艙門前緣形狀符合隱形要求。

前輪輪胎由古德伊爾公司或米其林公司生產，規格為23.5×7.5-10，22-ply無內胎輪胎。主輪輪胎由古德伊爾公司或米其林公司生產，規格為37×11.50-18，30-ply無內胎輪胎。

機身下部，兩個引擎艙之間安裝有制動鉤（愷撒公司生產）。

在YF-22A上，使用了與F-15類似的液壓傳動減速板，位於兩個垂直尾翼之間空中加油插座的後方。它採用鉸接的方式與機身相連。但在F/A-22A上，這一裝置已經被取消了。

液壓系統：F/A-22A裝備4 000psi（27.6兆帕）的液壓系統，由4個獨立的泵進行操作。4個泵的操作能力為每分鐘72加侖（327升）。這些液壓系統驅動傳動器用於控制各控制面的運動。F/A-22A上沒有安裝冗餘傳動器，以便減輕飛機重量。前緣襟翼由庫爾提斯·萊特飛行系統公司生產的傳動器進行控制。

電氣系統：F/A-22A使用270伏直流電力系統（由史密斯工業公司生產）。它使用兩個65千瓦的發電機。

F/A-22A也配備了由聯合信號航空公司開發的輔助發電系統（APGS），包括一個輔助發電元件和一套自足蓄電系統（SES）。後者包括一個哈尼韋爾公司G250輔助電力元件。當需要時，可提供335千瓦的電力用於驅動一台漢密爾頓27千瓦發電機和一個每分鐘26.5加侖（120升）的液壓泵。

機身外部燈光由機翼上的定位/防撞燈光組成（包括頻閃燈光）。用於夜航操作的低壓電熒編隊燈光位於機身關鍵部位：前部機身兩側舭線以下，兩翼翼稍上部，兩個垂直尾翼外側。

武器/感測器：F/A-22A採用內部武器艙。其中包括兩側頰艙，位於進氣道外側，每個頰艙都採用液壓驅動的鉸鏈式對開結構熱固型複合材料艙門。艙門上裝備了導彈外部掛載系統，以便在轉場時可以掛載更多導彈。側艙用於攜帶一枚（熱追蹤）紅外導航AIM-9M/X導彈，並配備了懸掛式液壓驅動LAU-141/A導彈發射器。

本頁圖：垂直尾翼和舵面細節。垂直尾翼外傾符合飛機隱形的要求。

本頁圖：F/A-22A前起落架向前收起入艙，液壓驅動轉向。

AIM-9M和研發中的AIM-9X均為短程熱追蹤空對空導彈。導彈掛載在由洛克希德·馬丁公司戰術飛機系統生產的LAU-141A懸掛式導彈發射器上。這種發射器是基於F-16的一種可以快速展開的翼梢懸掛式機械發射導軌研發而成的。每個發射器都裝備有導彈尾流導流板，以防止導彈發射時對武器艙造成損害。

AIM-9導彈的詳細資料如下。

- 由雷神公司和洛拉自動化中子物理研究所共同研發。
- 使用一台柴科爾·大力神公司的Mk.3611型（僅用於AIM-9M）固體推進劑火箭發動機。
- 通過固態紅外導航裝置制導。
- 重20.8磅（10千克）的高爆性熱流碎片殺傷型戰鬥部。
- 規格為長9英尺5英寸（2.87米，AIM-9X稍長），彈體直徑5英寸（12.7釐米），彈鰭最寬處為2英尺1英寸（63.5釐米）。
- AIM-9M重191磅（86.7千克）。
- 巡航速度大約為2.0馬赫。
- 射程大約為10英里（16千米）。
- 在地面彈艙同側進行手動掛彈。

機腹部主武器艙採用雙液壓驅動四板鉸接艙門，同樣為熱固性材料，並分為兩個子艙。每個子艙的大小都足夠容納三枚雷達制導AIM-120C導彈。其中，正中的導彈掛載位置比兩側的導彈位置略靠前，以避免彈鰭剮碰問題。各枚AIM-120先進中程空對空導彈（AMRAAM）均掛載於EDO公司生產的LAU-142/A氣動—液壓AMRAAM專用垂直彈射發射器（AVEL）。每個發射器重113磅（51.3千克），主要由鋁製成，能夠以每秒大於25英尺（7.6米）的速度（40G）將導彈彈射出艙，彈射衝程為9英寸（23釐米）。

AIM-120具備多目標作戰能力，最大射程更遠，採用無煙型火箭發動機，維護和操作更加簡便。AIM-120沒有官方命名，但飛行員們經常稱它為「撞擊者」。

AIM-120C導彈的詳細資料如下。

- 由休斯導彈系統和雷神公司合作研發。
- 使用一台由航空噴氣公司（Aerojet）生產的兩級固體推進劑火箭發動機。
- 由慣性中程有源雷達導航裝置制導。
- 重48磅（21.8千克）的高爆性直接碎片殺傷型彈頭。
- AIM-120C的規格：長12英尺（3.66米），彈體直徑7英寸（17.8釐米），彈鰭最寬處為1英尺6英寸（45.7釐米其後AIM-120的變體擁有

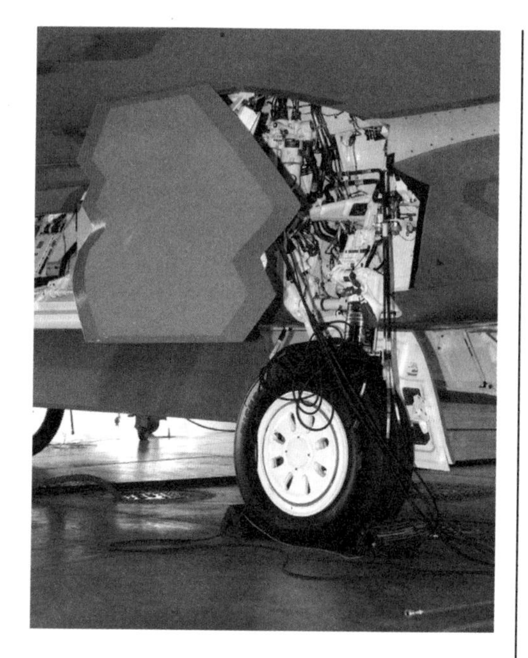

上兩圖：主起落架向外、向上收起入艙。主起落架艙配備雙重艙門。

更小的彈艙）。

- AIM-120C重345磅（157千克）。
- 巡航速度大約為4.0馬赫。
- 射程大約為30英里（48千米）。
- 在F/A-22A彈艙兩側使用MJ-1裝彈車（綽號「堵塞工」）進行裝彈。

在不久的將來，現有導彈的改進型或利用先進技術生產的新型導彈如HaveDash Ⅱ空對空導彈或HaveSlick空對地導彈將列入作戰序列，而且F/A-22A的彈艙可以輕鬆掛載這些導彈。

F/A-22A也裝備了一門通過電氣公司研製的改進型內置20毫米M61A2多（長）管旋轉機炮，安裝於飛機右側，進氣道的後上方。炮艙裝備了一個鉸接的液壓驅動艙門（90°開啟）。艙門的設計完成符合低可見性的要求。當艙門打開時，機炮氣門也隨之打開。

機炮裝備了一套閉環式裝/儲彈子系統。該系統整體位於右側翼身結合部的下方，便於地勤人員進行裝彈和卸下空彈箱。裝彈總量為480發，使用線性無鏈式彈藥作業系統（LLAHS）。

LLAHS系統包括480發彈箱（配備傳動系統和整體再次裝彈元件）、彈藥傳送元件、液壓驅動單元、炮彈擋塊以及排彈開關。不使用彈鏈結構。其中排彈開關完全避免了卡殼的危險。

M61A2為M61A1機炮的減輕型。更薄的炮管壁減輕了不少重量。機炮由

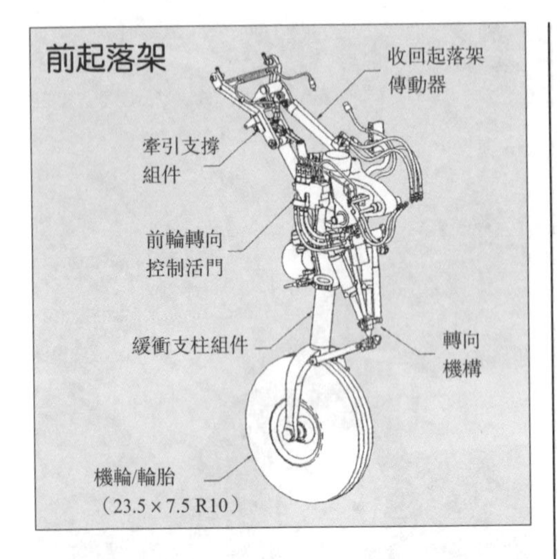

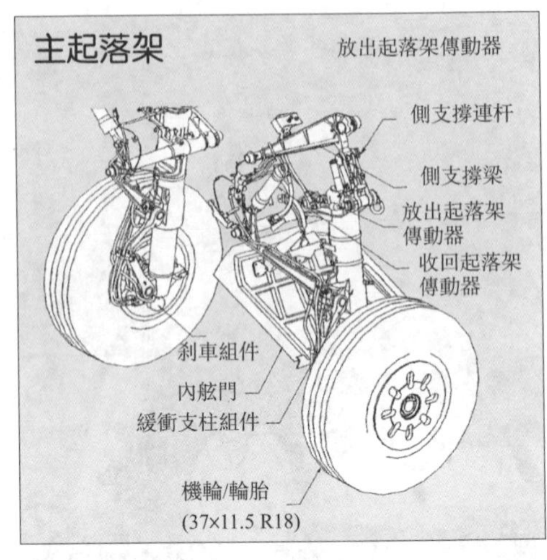

一台42馬力定量馬達提供動力。該馬達由F/A-22A液壓系統驅動。機炮每旋轉一次，6個炮管僅射擊一次。射擊速度為每分鐘6 000發。M61A2機炮為政府供應裝備（GPE）。

下圖：左側主起落架。反導彈子母誘餌彈艙位於主起落架艙正後方綠色板狀區域前部。

F/A-22A的主武器艙，除掛載6枚AIM-120先進中程空對空導彈外，也可以掛載2枚1 000磅（454千克）級的GBU-32聯合直接打擊炸彈（JDAM）。這種炸彈實際上使用尾部導航部進行制導。這種尾部導航部可以安裝在現存的普通炸彈上，從而將普通炸彈改裝為接近精確制導的「靈巧」炸彈。同時，在彈體上了增加了舭條，以增加炸彈的空氣動力穩定性。

JDAM炸彈由波音公司生產。一套慣性導航系統和一個全球定位系統構成了它的制導部。為了能夠供F/A-22A使用，這種炸彈使用1 000磅（454千克）級Mk.83標準彈頭。將彈頭與尾部制導部組裝後，總彈體重量為1 015磅（460千克）。

作戰中，它可以從40 000英尺（1.2萬米）以上高度投下，能夠摧毀15英

本頁圖：F/A-22A裝備了不銹鋼/鈦混合材料的尾部制動鉤，用於跑道上的緊急制動。制動鉤位於一個特製整流罩內，在引擎艙後部。

里（24千米）外的目標。圓概率誤差（CEP，用於衡量武器精確性）原為15米以下，而最近經過升級可到10米以下。

同AIM-120導彈一樣，JDAM要求裝彈人員使用MJ-1裝彈車在彈艙兩側進行彈體掛載。

其他F/A-22A可攜帶的武器還有BLU-109鑽地彈、風修正子母彈、AGM-88高速反雷達導彈（HARM）、BGU-22「寶石路」精確制導炸彈（500磅，約227千克級）、小直徑炸彈（SDB，可攜帶8枚）、低成本自主攻擊系統（LOCAAS）子母彈。

下圖：主武器艙是唯一可以掛載AIM-120導彈的內部彈艙。

上圖：主武器艙由飛機龍骨分成兩個分艙。在武器艙後部可以看到懸掛式發射器。

2003年8月底，空軍決定由波音公司負責小直徑炸彈的研發。波音公司計畫生產24 000枚小直徑炸彈和2 000副「智能彈架」。這一生產數字還計畫提高。小直徑炸彈為250磅（113.5千克）級炸彈。在一副智能彈架上可掛載

4枚小直徑炸彈，而智能彈架則安裝在F/A-22的內部彈艙中。小直徑炸彈可攻擊各種不同目標，因此具備極高的靈活性。

這種炸彈具備彈翼。當與飛機分離後，可以攻擊遠在46英里（73.6千米）外的目標，但具體射程由投放高度決定。它的制導系統是一種先進的抗干擾全球定位系統，並輔以慣性導航系統。這種制導系統可以同全世界的GPS地面站進行資料交流，從而進一步校準GPS衛星提供的定位資料。這讓小直徑炸彈的圓概率誤差僅為13.2英尺（約4米）。

F/A-22A還擁有四個翼下掛彈架，分別距飛機中心線距離為125英寸（3.8米）和174英寸（4.4米）。每個翼下掛彈架可攜帶5 000磅（2 270千克）的彈藥/油箱，如AIM-9導彈或LAU-128/A軌式發射式及AIM-120導彈。

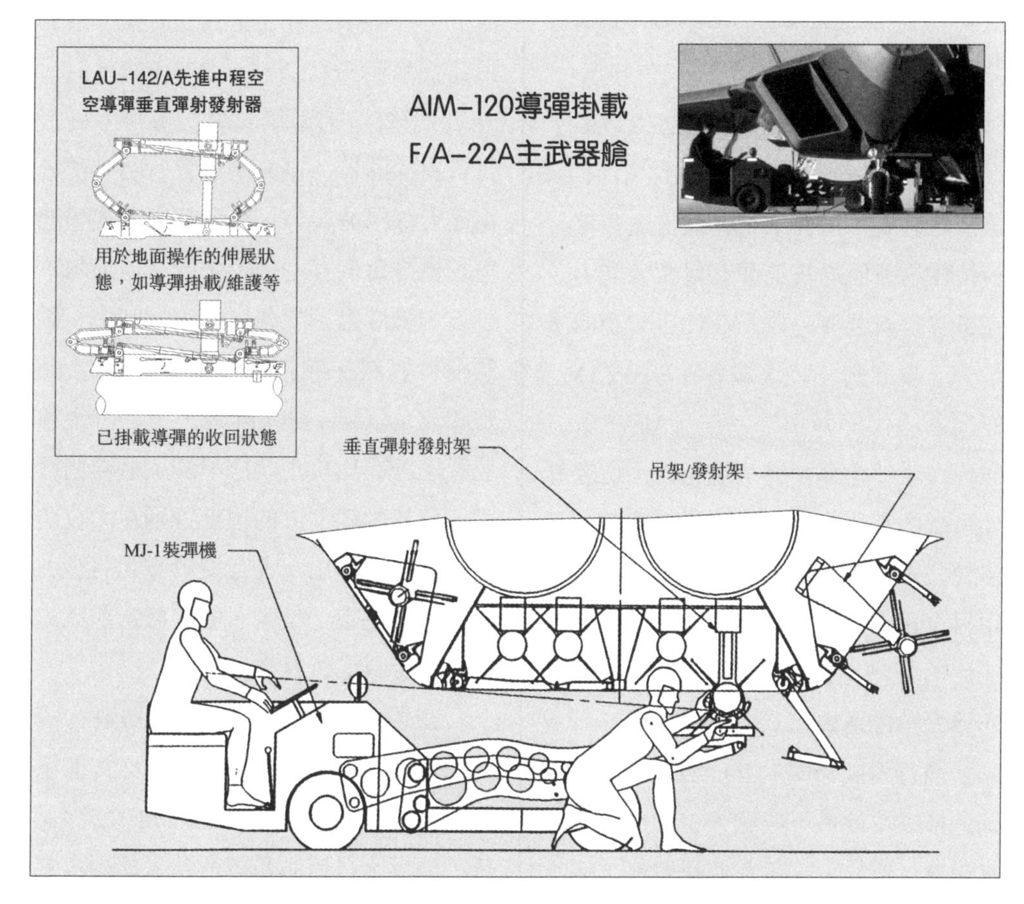

上圖：AIM-120A的裝彈過程，在F-22的主武器艙內可掛載6枚AIM-120C導彈。

上圖：F/A–22A配備的LAU–142/A懸掛式導彈發射器，EDO公司研發。

在自我防禦方面，F/A-22A裝備了一套BAE系統公司研發的AN/ALR-94電子戰系統。這套系統具備雷達預警、對抗雷達設備以及導彈發射預警能力。在機身上安裝有一枚AN/ALE-52誘餌子母彈。按計劃，將來還會在F/A-22A上安裝新一代導彈預警系統（MWS）。與現在紫外導彈預警系統相比，這套紅外系統的監測範圍更廣。諾斯羅普・格魯曼公司和洛克希德・馬丁公司在這個項目上正在展開競爭。現在F/A-22A上使用的是洛克希德・馬丁公司的AAR-56導彈預警系統。

飛行資料系統：YF-22A裝備了機頭懸杆以用於飛行測試，機頭懸杆可以收集飛行資料、攻角和側滑資料（顯示在座艙中的儀錶和專用的飛行測試顯示器上）。機頭懸杆完全獨立於標準型低可見性氣動飛行資料系統（PADS）。PADS系統包括兩個安裝在機身上的飛行資料探測器（機頭兩邊各一個，位於雷達天線罩的後方），四個嵌入式靜態埠（機身每側各兩個，位於雷達天線罩後方，舭線上下方各一個）。其中，兩個飛行資料探測器用於測量飛行總/靜壓和攻角資料。位於舭線上方的靜壓埠裝置用於在低攻角狀態下測量飛機側滑度。位於舭線下方的埠裝置則在大攻角狀態下發揮作用。飛行資料電腦將壓力資料轉換為電子信號，並根據當前氣流情況對資料進行校準。

在普通攻角狀態下，氣動飛行資料系統為飛行控制系統（以及其他系統）提供飛行資料。但攻角大於33°時，飛行資料控制系統的輸入值則由氣動飛行資料值轉變為慣性推導攻角值。

當攻角繼續增大時，飛行資料控制系統開始使用側滑氣動角作為輸入值。當攻角大於60°時，輸入值則過渡為慣性推導側滑角值。在負攻角狀態下，輸入值模態的切換將分別在-5°和-20°時進行。

飛機管理系統（VMS）：由李爾航太公司研發的飛行控制系統包括以下電腦子系統和它們的通用總線界面：飛行控制電腦和總線控制器、左/右引擎控制電腦、抬頭（平視）顯示器、綜合機身子系統控制器、燃料管理系統、氣動飛行資料系統感測器、慣性導航系統、任務顯示處理器、綜合飛行推力控制（IFPC）1553B總線。

除任務顯示處理器（MDP）以及和其他飛機機載設備的接口裝置外，飛機控制系統的各個子系統以及它們的總線結構對於F/A-22A的飛行安全是至關重要的。比如，飛行員必須通過綜合飛行推力控制總線來控制引擎。但如果沒有氣動飛行資料感測器的協同，推力控制總線也無法安全進行工作。在雙發動

下圖：在F/A-22A的主武器艙內，可挂載多达6枚AIM-120C导弹。

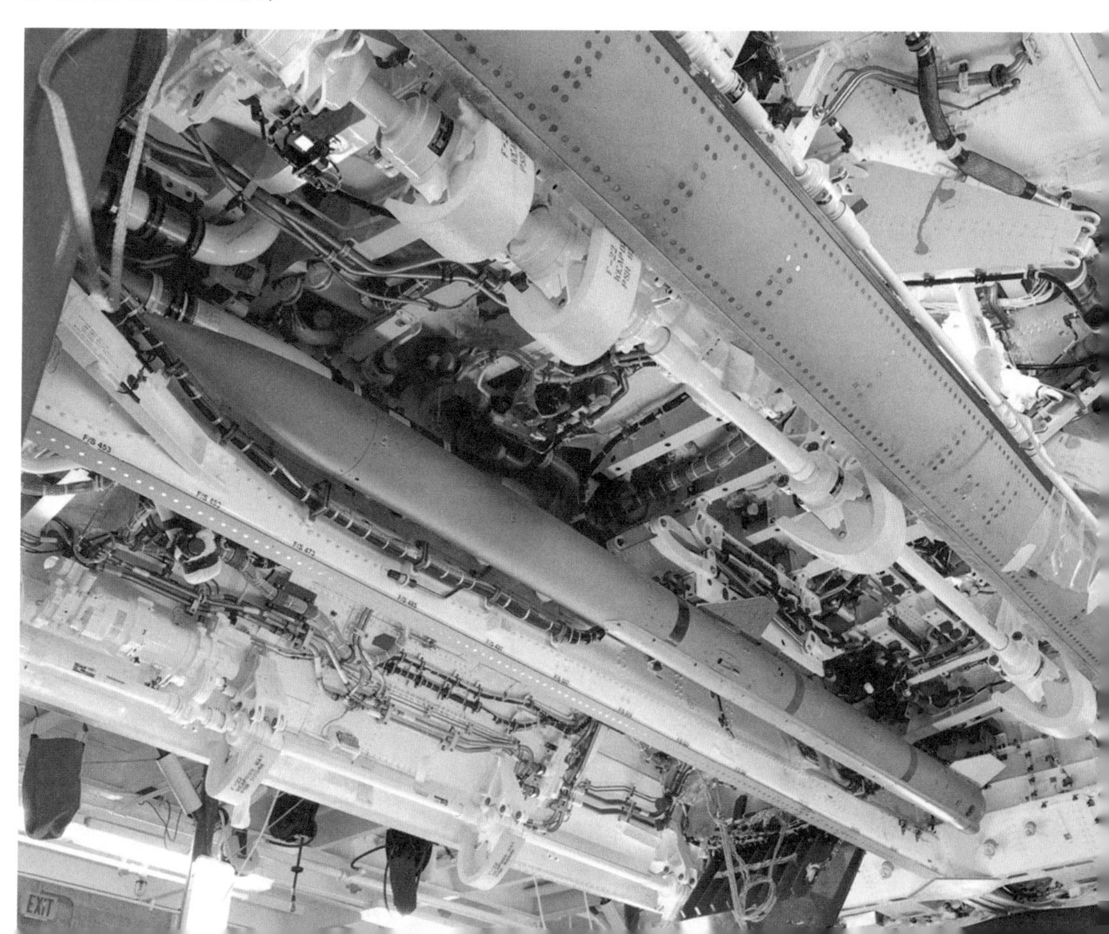

上圖：F/A–22A主武器艙配備了三個LAU–142/A懸掛式發射器。武器艙門由兩部分組成，折疊式開啟。傳動器和鉸鏈為一體式安裝。

機熄火或發電機同時故障的時候，就要使用機身綜合子系統控制器來打開緊急動力單元。而當機載電子設備和顯示器出現故障時，抬頭（平視）顯示器可以讓飛行員瞭解飛行高度和其他飛行資料資訊。當飛行狀態已經超出了氣動飛行資料系統的範圍時，慣性導航系統可以為飛行控制系統提供飛行速度和高度等資料，以便進行側滑角和慣性攻角值的計算。總之，在飛行中，飛機管理系統每時每刻都為飛行員提供說明，並在出現故障（控制範圍內）時保證飛機的安全著陸。

綜合飛機子系統控制器（IVSC）：由李爾航太公司研發的綜合飛機子系統控制器是飛機管理系統的一部分。它將飛行員的命令傳遞給各個子系統，也將各個子系統的狀態回饋給飛行員，並對特定的子系統功能實施監控。綜合飛機子系統控制器也為飛行員提供飛機狀態、警告、提示和診斷資訊，以說明飛行員發現故障並及時採取措施。通過IFPC數位資料總線、專用座艙開關和燈光、任務顯示處理器和多功能顯示器，在綜合飛行子系統控制器的控制下，以下的子系統實現了各自的相應功能：起落架系統（IVSC系統僅控制收起）、4 000psi（27.6兆帕）壓強的液壓傳動系統、環境控制系統（IVSC系統控制）、電氣系統、輔助動力系統（僅部分功能由IVSC控制）、乘員生命支援系統（IVSC系統控制）、火災保護系統（IVSC系統控制）、乘員聲音提示系統（僅部分功能由IVSC控制），上述子系統/功能的相關座艙控制器和指示器（僅部分功能由IVSC控制）。綜合飛機子系統控制器使用軟體系統替代了所有的繼電器邏輯電路。同時，各種子系統的相關專用顯示器、操

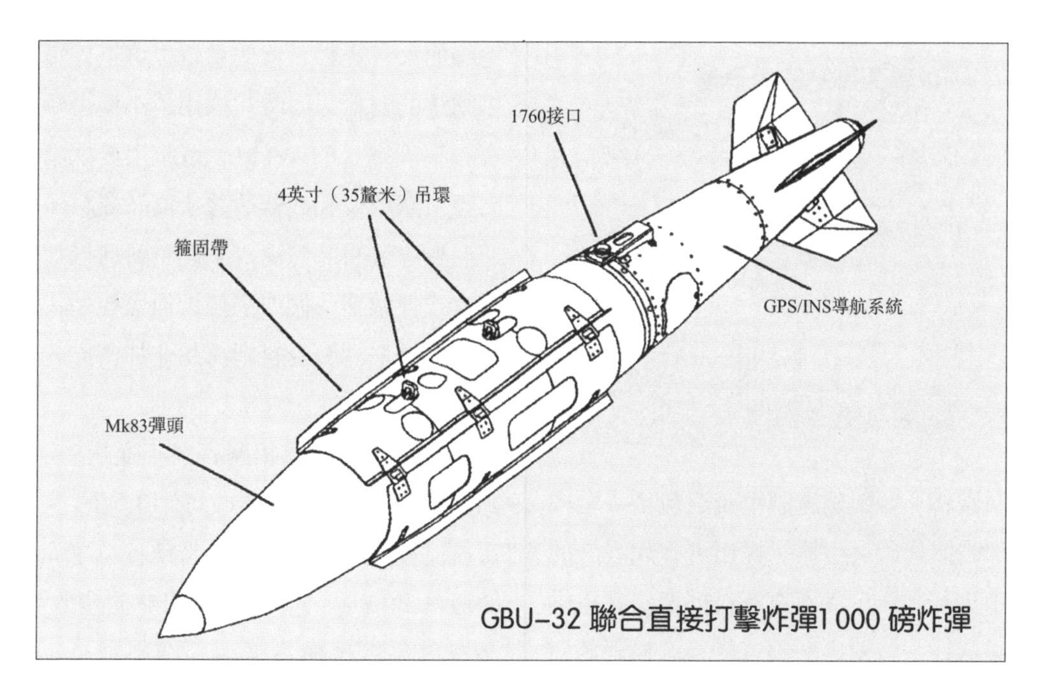

上圖：1 000磅（454千克）級制導GBU-32先進直接打擊炸彈。誤差概率在40英尺（12米）以下。

縱面板和開關的數量也得以精簡。

YF-22A飛行測試儀器儀錶：各架YF-22A的基準飛行測試儀錶是根據其飛行測試計畫任務安排的。這個系統具備靈活性，允許進行必要的擴展。為了在飛行試驗中對幾個要點進行驗證，添加了有限的幾台設備，以增強問題識別與處理能力。

通過加密和未加密的無線連接，測試結果被傳送給地面接收器，同時設置了專用系統收集和記錄各類專業資料。這個儀器系統收集的資料類型如下：來自專用飛行測試儀器感測器（大約有50個加速計、260個應變儀、150個壓力感測器、150個熱電偶、15個位置指示器）的信號；飛機電信號（大約有20個相關儀器）；MIL-STD-1553總線的被選指令（大約100個）；抬頭（平視）顯示器視頻；MIL-STD-1533總線的大量資料；武器系統的高速影像（4台錄影機）。

脈衝碼調制（PCM）資料獲取系統是一種半分散式系統，配備一台主控器和最多24路遙測信號調節/數位化/多路單元。其中的遙測單元既可以接收類比信號也可以接收數位信號。在主控器的控制下，兩個模組作為被動式接收器，可以收集預先選定的MIL-STD-1553B資料總線資訊以及其他脈衝碼調

AIM-9導彈掛載側武器艙

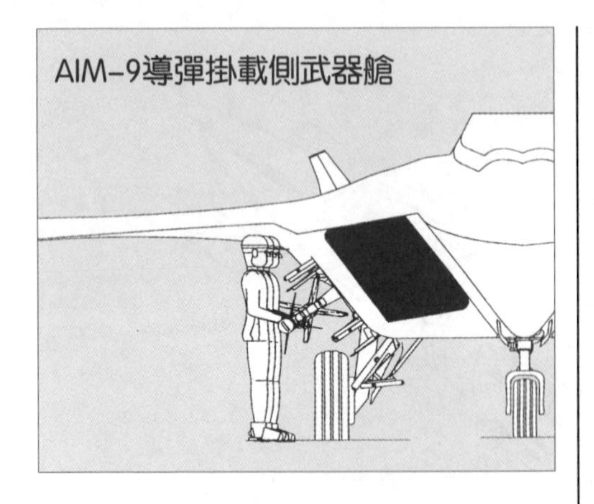

制資料。脈衝碼調制系統還包括一台內部時間代碼發生器。採用可程式設計的中央控制器，從而為資料框架格式提供靈活性。脈衝碼調制資料獲取局限於回應頻率為100Hz的資料。另外一套被動系統，用於記錄MIL-STD-1553B資料總線的大量資料。這個系統也可以採集多總線的資料。同時，採用了小型恒頻寬頻率調製（CBWFM）系統用於採集高頻引擎數位和武器艙聲學測試資料。通過無線鏈路，脈衝碼調制資料通過加密方式傳輸到一個或多個地面監控站。恒頻寬頻率調製資料則採用非加密方式傳輸。

普惠公司引擎相關資料，通過RS-232格式的通用非同步收/發（UART）資料流程傳遞至地面站。特殊接口單元的設計和安裝，可以將通用非同步收/發資料流程轉換為脈衝碼調制資料流程。

脈衝碼調制資料流程、恒頻寬頻

LAU-141/A 懸掛式發射器用於發射AIM-9M導彈

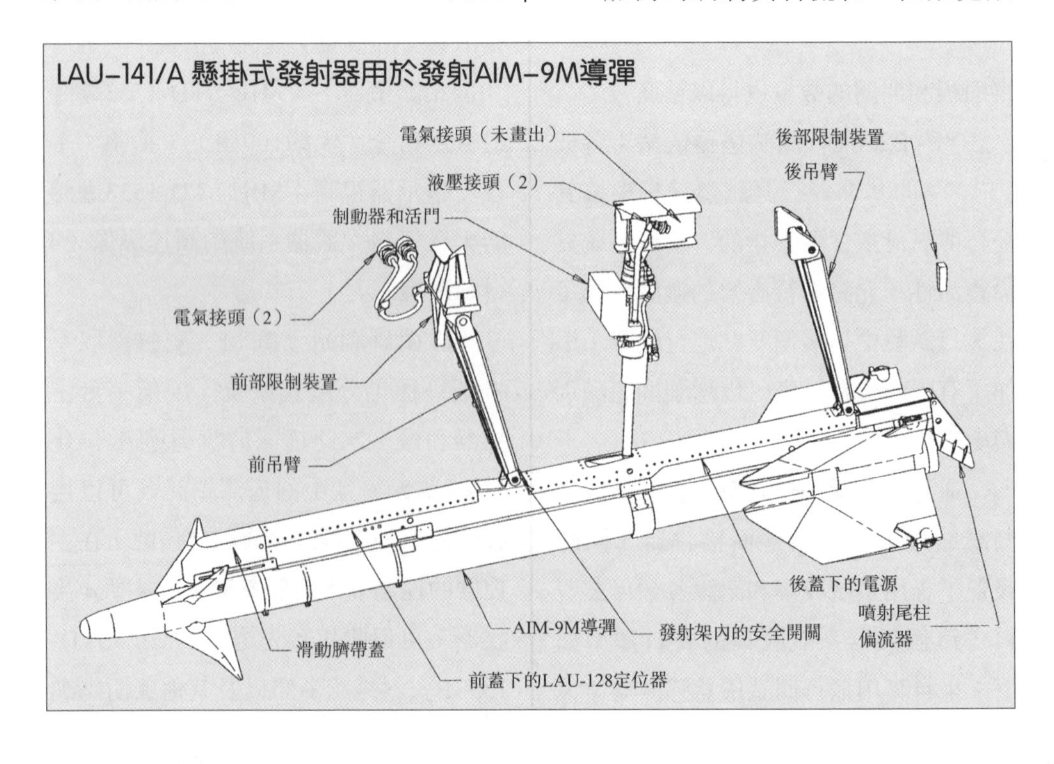

本頁圖：F/A–22A側武器艙的多幅圖片。機身的兩側各有一個武器艙，用於攜帶一枚AIM–9M/X導彈。下面兩幅圖片為已伸展到發射位置的AIM–9導彈。

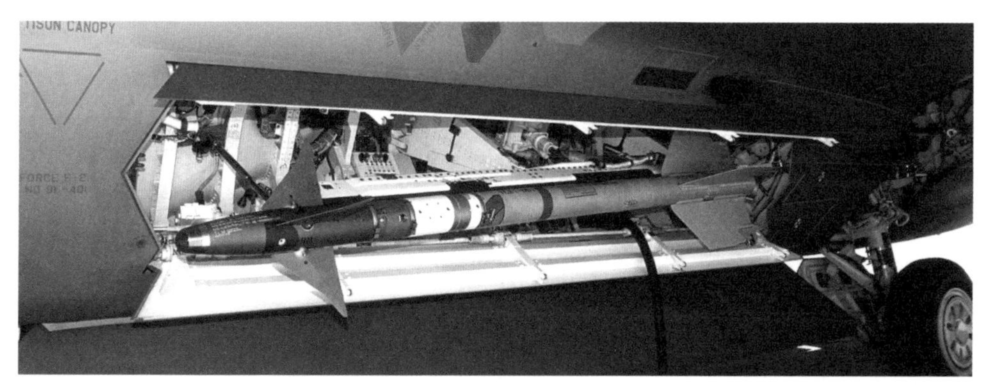

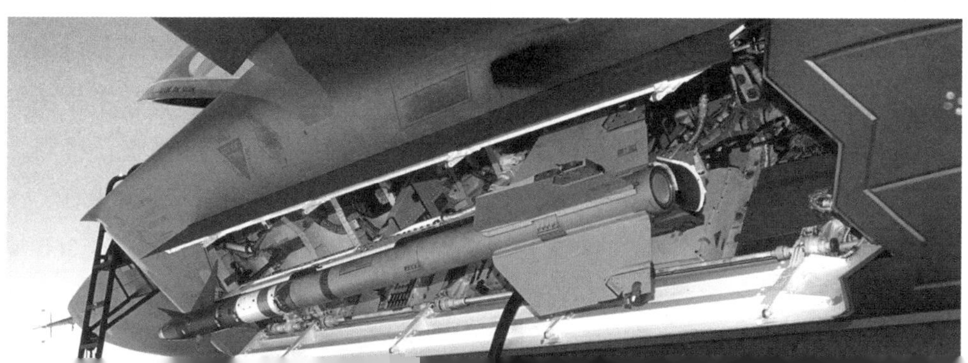

上圖：M61A2 20毫米機炮，安裝於右側進氣道上方。整個炮體位於機身內部，僅在使用時打開炮艙門（旋轉式開啟）。

率調製資料流程、1553大容量資料總線和普惠引擎相關資料都被記錄在一台28軌磁帶式記錄儀上。同時，採用一台VHS格式錄影機用於記錄抬頭（平視）顯示器上的符號和視頻資訊。採用每秒200幀的快速錄影機記錄發射導彈的瞬間影像。同時在膠捲邊緣添加未經調製的IRIG-B時間碼，用於校正記錄時間。這些錄影機可以由飛行員手動控制，也可由武器分離信號自動控制。

YF-22A還安裝了一個特製飛行測試機頭懸杆和高精確度數字感測器（雷達天線罩內部和外部），用於收集自由流總/靜壓、攻角和側滑數據。機頭懸杆可以檢測空速、壓力高度、上升率、攻角和側滑角，並將相應資料回饋給座艙中的特定可程式設計CRT顯示器上。

F/A–22A模擬器：波音公司已經為空軍研發了F/A-22A全面訓練系統。在F/A-22A的整個使用週期內，這套系統都可以用於全體「猛禽」飛行員訓練和維護訓練。F/A-22A訓練系統以電腦為基礎，使用大量多媒體訓練技術，符合航空工業電腦輔助訓練委員會的規定和標準。F/A-22A電腦輔助訓練系統使用了達到最新技術發展水準的訓練技術（原用於波音777商業客機駕駛員的訓練）。同時，訓練設計資料庫和飛機參數的高度一致也保證了F/A-22A訓練系統研發過程的高效率。休斯訓練系統提供了三種飛行員訓練系統設備：全任務訓練機（FMT）、武器和戰術訓練機（WTT）、飛機出入口程式訓練機（EPT）。而所謂的「聯合體」維護訓練設備包括：座椅和艙蓋訓練機、武器系統訓練機、基準面前部機身訓練機、引擎LRU訓練機、起落架訓練機、座艙和前部機身訓練機、後部機身訓練機。

在F/A-22A項目裡，共要求生產32台全任務訓練機，用於完整任務訓練（從引擎點火到關閉引擎的全過程）。全任務訓練機使用高解析度的全360°視覺系統。全任務訓練機可用於飛行訓練、空中加油訓練、起飛和著陸訓練、緊急程式和空中格鬥訓練。F/A-22A專案計畫共生產78架飛行員訓練機及447架F/A-22A維護訓練設備。全部訓練設備都計畫在2005年4月至8月間交付使用。

2004年10月，在佛羅里達州廷德爾空軍基地，空軍和波音公司設立了一個F/A-22A維護訓練中心。計畫中，在廷德爾空軍基地還要設立一個飛行員模擬訓練中心。這個訓練中心將包括4台全任務訓練機、3台武器和戰術訓練機、6間電子教室和20個電子作戰手冊站，其中的訓練機將由波音公司L-3通信鏈路模擬和訓練部生產。

2000年，在洛克希德·馬丁公司的瑪麗埃塔製造中心設立了一台空戰模擬機。這台空戰類比機最初設計用作軟體實驗室和F/A-22A座艙研發。在初始作戰測評階段，它進行了進一步擴展，用於評價F/A-22A的作戰效率。這架模擬機被證明是相當有效的，初始作戰測評原定的700次實飛測試後來降低到240次。

各種系統、子系統和細節：

- 完工後的F/A-22A將從洛克希德·馬

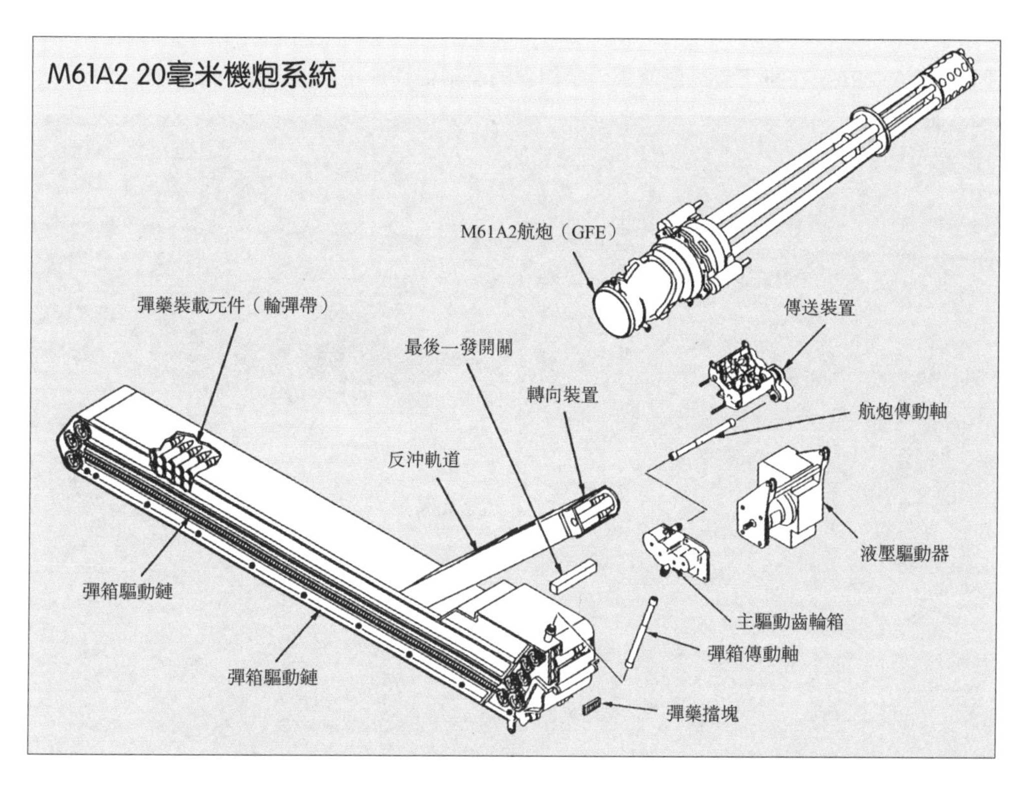

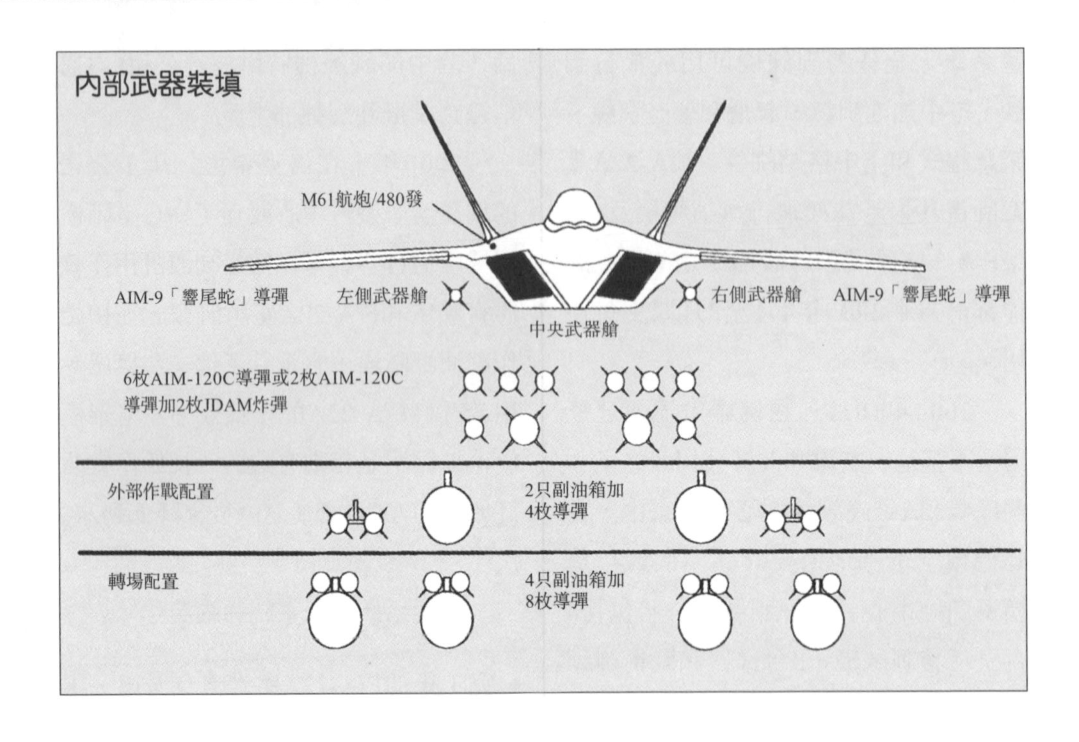

下圖：F/A-22A正在投下曳光誘餌彈。誘餌彈的發射位置於主起落架艙的正後方。

丁公司南門出廠。飛機會先從組裝車間移至油箱沖洗工作區。在那裡，工人會使用JP-8設備對F/A-22A的油料系統沖洗10至20次。每次沖洗，都會使用一組篩檢程式，按濾孔粗細排列。完成這道工序後，工人們會將飛機注油並移至引擎試車場。在這裡用繩索和飛機尾鉤系牢。然後進行引擎試車，過程大約為一個小時，其中要經歷從空轉到最大加力來回多次迴圈。在引擎試車場也要對輔助動力元件進行測試。

一旦試飛前的準備工作完成，公司就指定一名試飛員對這架F/A-22A進行試飛。首次試飛的重點是機身系統，一般持續大約一個小時。在第一次試飛中，將考察1.5馬赫的速度、50 000英尺（1.5萬米）高度的性能，並進行加壓檢查，軍用推力測試，爬升到30 000英尺（9 000米），空中加油檢查，輔助動力啟動，空中引擎關機/啟動，起落架收放和儀錶著陸系統檢查。

第二次飛行考察航空電子系統，包括自動駕駛、武器系統、通信/導航/敵我識別系統、電子戰系統。在第二次飛行中，也檢查大攻角性能，進行飛機對稱性、G限和機動性檢查。

試飛之後，這架F/A-22A被認為具備適航性。然後，它將到噴塗車間，進行隱形塗層的噴塗。在此期間，空軍將指定一名現役飛行員通過一系列飛行對這架飛機進行驗證，考察其是否達到空軍的接收標準。這些測試結束後，這架飛機就完成了移交手續。其後不久，就會轉場至指定的空軍基地。

- F/A-22A空氣循環系統將引擎排出的熱空氣（1 200℃/2 000°F）吸入，並使用主熱交換器（PHX）冷卻至大約400°F（204℃）。空氣經過熱交換器後，進入空氣迴圈製冷系統。由於空氣必須是乾燥的，所有系統中還安裝了除濕器。當空氣從空氣迴圈製冷系統中出來時，溫度大約是50°F（10℃）。
- 標準型F/A-22A上噴塗的隱形塗料是由波音公司研發的。2000年3月，這種塗料先在第二架F/A-22A工程開發樣機（91-4002）上使用。而且，從這之後的F/A-22A均使用了這種塗層。
- 排氣口由鈦制屏板進行遮蔽。這些屏板上包括上千個精確切割（使用研磨水槍）的氣孔。氣孔以一種特殊方法進行排列，以將雷達反射強度減少到可以忽略不計的程度。
- 在F/A-22A的座艙中安裝了洛克希德公司研發的航空錄影機。

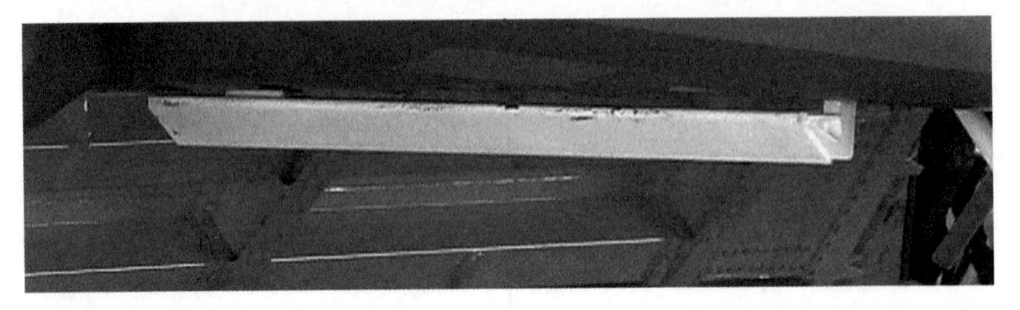

上圖：當主武器艙門打開以準備發射導彈時，小型空爆導流板自動從武器艙前緣伸出。

- F/A-22A的機身上預留了安裝位置，用於安裝機腹（前部機身）上的紅外搜索/追蹤單元和側向相控陣雷達單元。
- 在F/A-22A機身的所有具有強韌性要求的適當位置，均使用了熱塑性複合材料，包括起落架和武器艙門。
- F/A-22A上安裝有綜合飛行資料鏈系統，用於在兩架以上的F/A-22A中共用戰術資訊。
- 在YF-22A和F/A-22A上的所有航空電子設備和各種子系統的安裝位置，均方便維護人員在地面進行維護。實驗性的Pave Pillar航空電子設備架構在使用中得到了驗證。
- 通用動力公司已接到空軍的訂單，要求生產先進電子戰系統的F/A-22A專用版本和新型通信/導航/敵我識別系統。現有的綜合電子戰系統（INEWS）和一體化通信/導航電子設備技術將成為新系統的基礎。
- F/A-22A的機腹距地面僅36英寸（80釐米），這讓維護人員可以在肩膀（甚至更低）高度對各種元件進行維護和保養，而不需要使用梯子和工作臺。
- F/A-22A有強大的自檢（BIT）能力。自動診斷系統可以檢測出線性可替換模組（LRM，獨立電子板）中的故障。
- F/A-22A的機載氧氣產生系統（OBOGS）為飛行員提供呼吸用氧。
- F/A-22A的機載惰性氣體產生系統（OBIGGS）讓油箱充滿氮氣。在飛行中燃料逐漸消耗時，這是一項相應的安全措施。
- F/A-22A可以使用一體化戰鬥周轉（ICT）系統，進行加油、裝彈，並重返戰鬥。導彈掛載和機炮裝彈可以同時進行。
- F/A-22A綜合維護資訊系統（IMIS），由維護支持集群（MSC）和維護工作站進行支持（MWS），將技術命令資料（TOD）和維修形式集成到機載系統中，便於戰場維修和技術支援。

- F/A-22A裝備了兩個休斯通用綜合處理器（CIP）。通用綜合處理單元使用全一體化硬體/軟體設計，支援所有的信號處理、資料處理、數位輸入/輸出、資料存儲功能。它們同連結或局部集成架構不同，提供了必要的高速計算能力和較低的裝機重量、電壓、功率和成本。

所應用的一體化架構體現了Pave Pillar設計概念以及聯合綜合航空電子設備工作組（JIAWG）標準，後者包括平行接口（PI）總線、測試/維修（TM）總線、資料處理要素（DPE），使用32位高性能中央處理器（CPU）和Intel80960精簡指令集電腦（RISC）處理器。其中，80960指令集架構（ISA）是聯合綜合航空電子設備工作組選定的兩種32位元指令集架構中的一種，作為32位元內嵌式航空電子電腦標準化的基礎。

通過仙童公司生產的資料傳輸設備/大容量記憶體（DTE/MM）系統（包括用於存儲預設資料和飛機作戰飛行程式的大規模記憶體），CIP也能夠把具體任務資訊傳輸給系統。它還發揮著資料存儲管理系統的作用。

每個CIP的處理能力為每秒鐘處理超過7億條指令（Mips）。整個系統的可擴展處理能力高達每秒20億條指令。信號處理能力在每秒200億次運算以上（20Bops）。在必要時，300M的記憶體可擴展到650M，每個CIP的擴展信號處理能力高達每秒500億次運算（50Bops）。在兩個通用綜合處理單元上共用大約132個插槽，其中有41個在F/A-22A出廠時尚未使用。

- 一台維護電腦可以讓維護人員在地面進行飛機的維護檢查，而不需要在引擎運轉的狀態下進入到座艙中。這台

下圖：F/A-22A左側主武器艙的4枚小直徑炸彈和一枚AIM-120C導彈。

電腦中的資料庫包括大約1 300條技術命令。

- 在作戰中，F/A-22A可以在15分鐘內完成重新裝油/裝彈，從而保證了出動的高架次率。
- 幾乎所有的F/A-22A維護工作都可以「在飛機上」或在航空站中完成，唯一的例外是輪胎和電池。因為幾乎不需要配備聯隊級的維修站和維修人員，所以不再需要地面支援裝備。同時採用便攜維護輔助設備（一台筆記本電腦）作為F/A-22A維護系統的一部分。
- 一個裝備了24架F/A-22A的空軍中隊在30天的部署週期中，其軍需品總量小於8架C-141運輸機的運輸能力，但需要258名地面支援人員。
- F/A-22A具備8 000小時的結構、系統和機載電子設備使用壽命期。
- 現有飛機掩蔽所也適用於F/A-22A。
- 第一名F/A-22A的空軍後備飛行員為阿蘭・諾曼中校，隸屬于愛德華茲空軍基地的第412作戰小組。
- 撰寫本書期間，F/A-22A項目的洛克希德・馬丁公司飛行測試主任為佈雷特・紐科（BretLuedke）。

下圖：位於瑪麗埃塔製造中心噴塗中心的F/A-22A。雷達吸收材料噴塗對於飛機的隱形性能至關重要。

規格和性能

	YF-22A	F/A-22A
長度	64英尺2英寸（19.60米）	62英尺1英寸（18.92米）
翼展	43英尺（13.1米）	44英尺6英寸（13.56米）
翼弦理論值（翼根）		32英尺3.5英寸（9.84米）
翼弦參數值（翼梢）		5英尺5.5英寸（1.66米）
翼弦實際值（翼梢）		3英尺90英寸（1.14米）
機翼上反角		3°15
機翼展弦比	2.2	2.36
機翼面積（總）	840英尺2（78米2）	840英尺^2（78米^2）
前緣襟翼面積（總）		51.20英尺^2（4.76米^2）
襟副翼面積（總）		55.0英尺^2（5.10米^2）
副翼面積（總）		21.40英尺^2（1.98米^2）
垂直尾翼面積（總）	218英尺2（20.26米2）	178英尺^2（16.54米^2）
舵面（剎車板面積（總）		54.80英尺^2（5.09米^2）
水準尾翼面積（總）	134英尺2（12.45米2）	136英尺^2（12.63米^2）
水準尾翼翼展		29英尺（8.84米）
飛機高度	17英尺8.9英寸（5.39米）	16英尺8英寸（5.08米）
垂直尾翼翼展（翼梢至翼梢）		19英尺7英寸（5.97米）
軸距		19英尺9.75英寸（6.04米）
武器艙離地高度		3英尺1英寸（0.94米）
淨重量	31 000磅（14 043千克）	31 670磅（14 365千克）
最大起飛重量	58 000磅（26 308千克）	66 500磅（30 125千克）
重量（內部油箱）	22 000磅（9 979千克）	22 000磅（9 979千克）
機翼載荷		71.43磅/英尺^2（348.7千克/米^2）
最大動力載荷		0.86磅每磅推力（87千克/千牛）
最大平飛速度（超級巡航）	1.58馬赫（1 730千米/時）	1.82馬赫（1 964千米/時）
最大平飛速度（加力狀態45 000英尺，13 700米高度）	2.0馬赫（2 450千米/時）	2.25馬赫（2 700千米/時）
最大平飛速度（加力狀態 海平面）		1.40馬赫（1 500千米/時）
滾轉角速度		100°/秒
升限	50 000英尺（1.5萬米）以上	65 000英尺（1.98萬米）
起飛/著陸長度	3 500英尺（1 067米）	
作戰半徑（不含空中加油）	750到800英里（1 389千米到1 481千米）	450英里（700千米）
一般作戰半徑		2 000英里（3 220千米）
G限	+7.9	+9.0（-3.0）
持續加速荷載（1.8馬赫）	6	6
燃料比（燃料重量與最大起飛重量的比值）	？	0.29

F/A-22A機身分包商

- 航空噴氣公司（Aerojet）:後部機身桁架（波音公司轉包合同）
- 厄萊因特技術系統公司（Alliant Techsystems，ATK複合材料）：IM-7，IM-8纖維，水準尾翼複合材料元件（沃特公司轉包合同）
- 安卡斯特精確公司（Amcast Precision）：精鑄部件
- 埃斯泰克公司/MCI公司（Astech/MCI）：結構材料
- BASF結構材料公司：5250- 4雙馬來醯二胺樹脂
- 柯爾特工業公司/門納斯克航空系統公司（Colt Industries/Menasco Aerosystems）：原型機主起落架和前起落架（洛克希德·馬丁公司轉包合同）
- 道-UT公司（Dow-UT）：複合材料翼梁，整流罩，其他結構元件
- ICI法伯賴特公司（ICI Fiberite）：977-3增韌型環氧樹脂
- 詹考普航空噴氣公司推進裝置部（GenCorp Aerojet Propulsion Division）：翼身桁架和垂直尾翼接口（波音公司轉包合同）
- GKN航空航太服務公司（GKN Aerospace Services）：後部整流罩，正弦波翼梁（波音公司轉包合同）；水準尾翼蒙皮，引擎轉換管，進氣道口緣，風扇和加力管，複合材料部件（洛克希德·馬丁公司轉包合同）
- 黑克塞爾公司（Hexcel）：IM-7/Cycom複合材料
- 霍梅特公司（Howmet）：鈦制鍛件（包括機身和副翼部件），起落架制動齒輪
- 馬里恩複合材料公司（Marion）：複合材料部件，包括垂直尾翼蒙皮，整流罩，艙門元件（洛克希德·馬丁公司轉包合同）
- 米其林公司（Michelin）：輪胎
- PCC斯科瑟公司（PCC Schlosser）：鈦制鍛件
- PCC結構件公司（PCC structurals）：精鑄部件（波音公司轉包合同）
- 科杰克斯公司（Quadrax）：複合材料，包括Rodel 8320聚α烯烴材料
- RMI制鈦公司（RMI Titanium）：6-22-22鈦材（獨家供應商）
- 西埃爾辛公司（Sierracin）：預生產座艙蓋
- 沃特飛機公司（Vought Aircraft）：複合材料機翼蒙皮
- 韋伯飛機公司（Weber Aircraft）：彈射坐椅
- XAR工業公司（XAR Industries）：空中加油插座

F/A-22A引擎分包商

- 古德里奇公司（Goodrich）：鈦制引擎艙門
- 漢密爾頓·松茲斯丹德公司（Hamilton Sundstrand）：用於F199引擎的全權數位電子控制系統（FADEC）
- 漢尼韋爾公司（Honeywell）：引擎主燃料節流閥，引擎防冰閥，引擎加力燃油控制器
- 派克·伯蒂公司（Parker Bertea）：傳動器，泵，噴油嘴

F/A-22A電氣分包商

- IDD航空航太公司（IDD Aerospace）：顯示器邊框按鈕
- 凱撒電子公司（Kaiser Electronics）：有源矩陣液晶顯示面板
- 航太公司/LSI公司（Astronics/LSI）：座艙照明控制台
- BAE系統公司（BAS Systems）：抬頭（平視）顯示器，多功能真色彩座艙顯示器，一體化電子戰系統，綜合飛行資料鏈，視頻界面單元模組，任務規劃設備，相控陣近等角天線
- Aydln遙感公司（Aydln Telemetry）：通用空中綜合飛行測試系統
- TRW公司（TRW）：一體化通訊/導航/敵我識別設備
- 英特爾公司（Intel）：32位元微處理器
- 摩托羅拉（Motorala）：電腦安全模組
- 雷神公司（Raythen）：VHSIC中央處理電腦模

組，飛機管理系統核心
- 哈裡斯公司（Harris）：航空電子設備總線接口模組，高速資料總線，收/發模組
- 哈尼韋爾公司（Honeywell）：燃油管理控制器，環形鐳射慣性導航系統
- 李爾航太公司（Lear Astronics）：飛機管理系統模組
- 數位設備公司（Digital Equipment）：工作站，軟體發展電腦
- 諾斯羅普．格魯曼公司：GPS系統，慣性導航系統，火控系統
- 洛克希德．馬丁公司：光電傳感系統，先進紅外搜索和追蹤系統

F/A-22A武器系統分包商
- EDO公司（EDO）：空對空導彈發射器，BRU-45彈架（洛克希德公司轉包合同）
- 卡曼航空航太公司（Kaman Aerospace）：武器艙門複合材料罩式剛性元件，炮尾屏板
- 雷神公司（Raythen）：AIM-9懸掛式發射架驅動裝置
- 史密斯航空航太公司（Smiths Aerospace）：懸掛式發射架驅動裝置

F/A-22A其它分包商
- 多蒂航空航太公司（Dowty Aerospace）：液壓傳動器
- 電子動力公司（Electrodynamics）：墜機免毀存儲單元
- 詹泰克斯公司（Gentex）：HGU-55P飛行員頭盔
- 漢密爾頓．松茲斯丹德公司（Hamilton Sundstrand）：環境控制系統，輔助發電系統，發電機；燃油泵
- 漢尼韋爾公司（Honeywell）；機輪和剎車，數位剎車防滑系統，輔助發電系統
- 霍梅特（Howmet）：鈦制鍛件
- 愷撒電子精確公司（Kaiser Electroprecision）：制動齒輪組件
- 卡曼航空航太公司（Kaman Aerospace）：同軸電纜
- 吉德．格蘭溫有限公司（kidde Graviner Ltd.）：阻燃設備
- 克立電子公司（Karry Electronics）：開關，控制台，座艙控制台
- 蘿拉公司（Loral）：綜合乘員訓練系統
- 盧卡斯航空航太公司（Lucas Aerospace）：穩壓器，功率輸出軸
- MPC產品公司（MPC products）：節流杆扇形板組件
- 國家揚水機公司/派克．漢尼芬公司（National Waterlift/Parker Hannifin）：飛行控制傳動器
- 諾默勒．蓋瑞特公司（Normalair-Garrett）：機載氧氣發生系統
- 派克．伯蒂公司（Parker Bertea）：傳動器
- 精確鑄件公司（Precision Castparts）：鈦制鍛件
- 羅斯蒙特公司（Rosemount）：飛行資料探測器
- 薩金特航空航太公司（Sargent Aerospace）：節油杆扇形板
- 薩金特．弗萊徹公司（Sargent Fletcher）：副油箱
- 斯科瑟鍛鑄公司（Schlosser Casting）；鈦制鍛件
- 西蒙精確產品公司（Simmonds Precision Products）：燃油控制系統
- 史密斯工業公司（Smiths Industry）：配電中心
- 斯代勒工程和生產公司（Sterer Engineering and Manufacturing）：前輪轉向傳動系統
- 湯普森．薩吉諾公司（Thompson Saginaw）：外掛架轉換傳動器滾珠螺杆
- 特賴克特倫工業公司（Trilectron Industries）：地面變電器和製冷設備
- 特裡內弗公司韋克爾斯作業部（Trinova Corp. Vickers Operations）：主/輔助驅動泵
- 西屋電力公司（Westinghouse Electric）：變速恒頻發電機

本頁圖：普惠YF119–PW–100原型引擎的各種照片。這部引擎被安裝在YF–22A（N22YX）上。

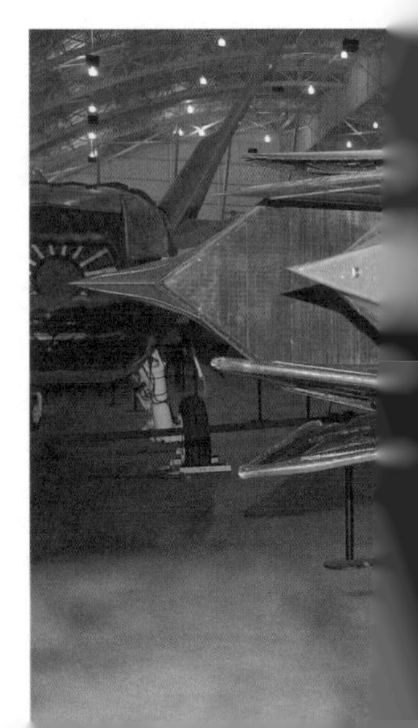

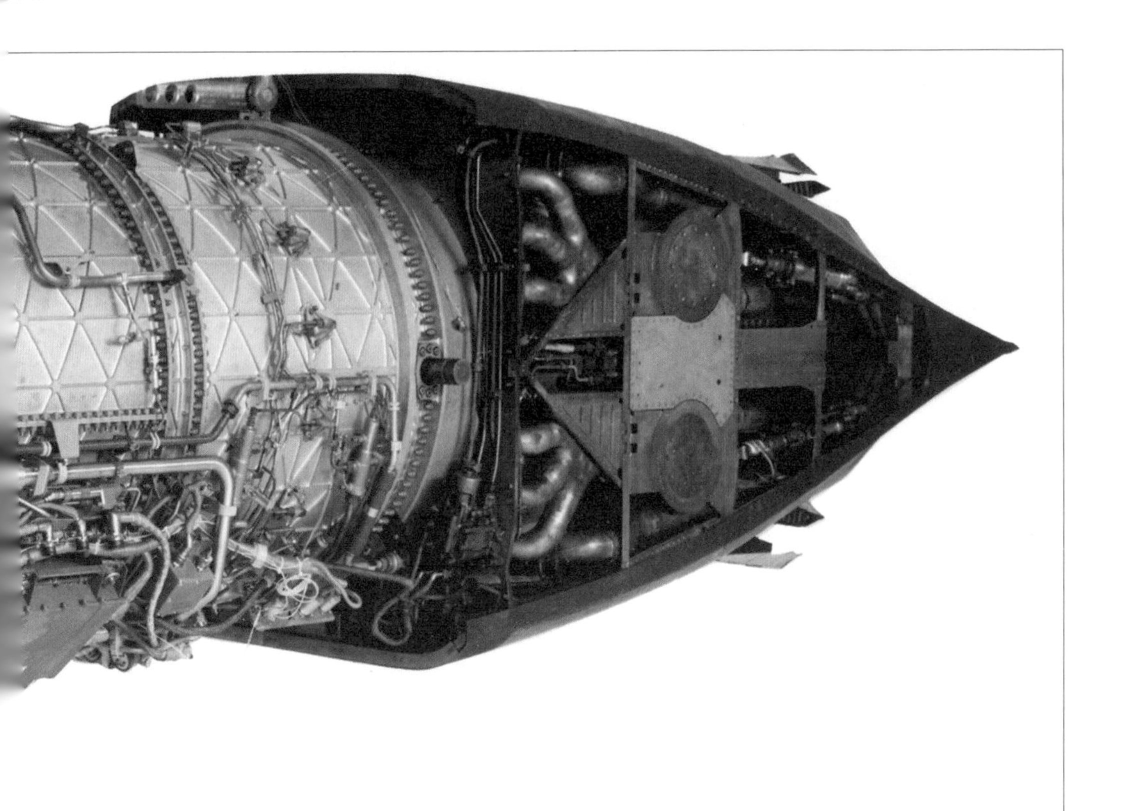

PRATT & WHITNEY

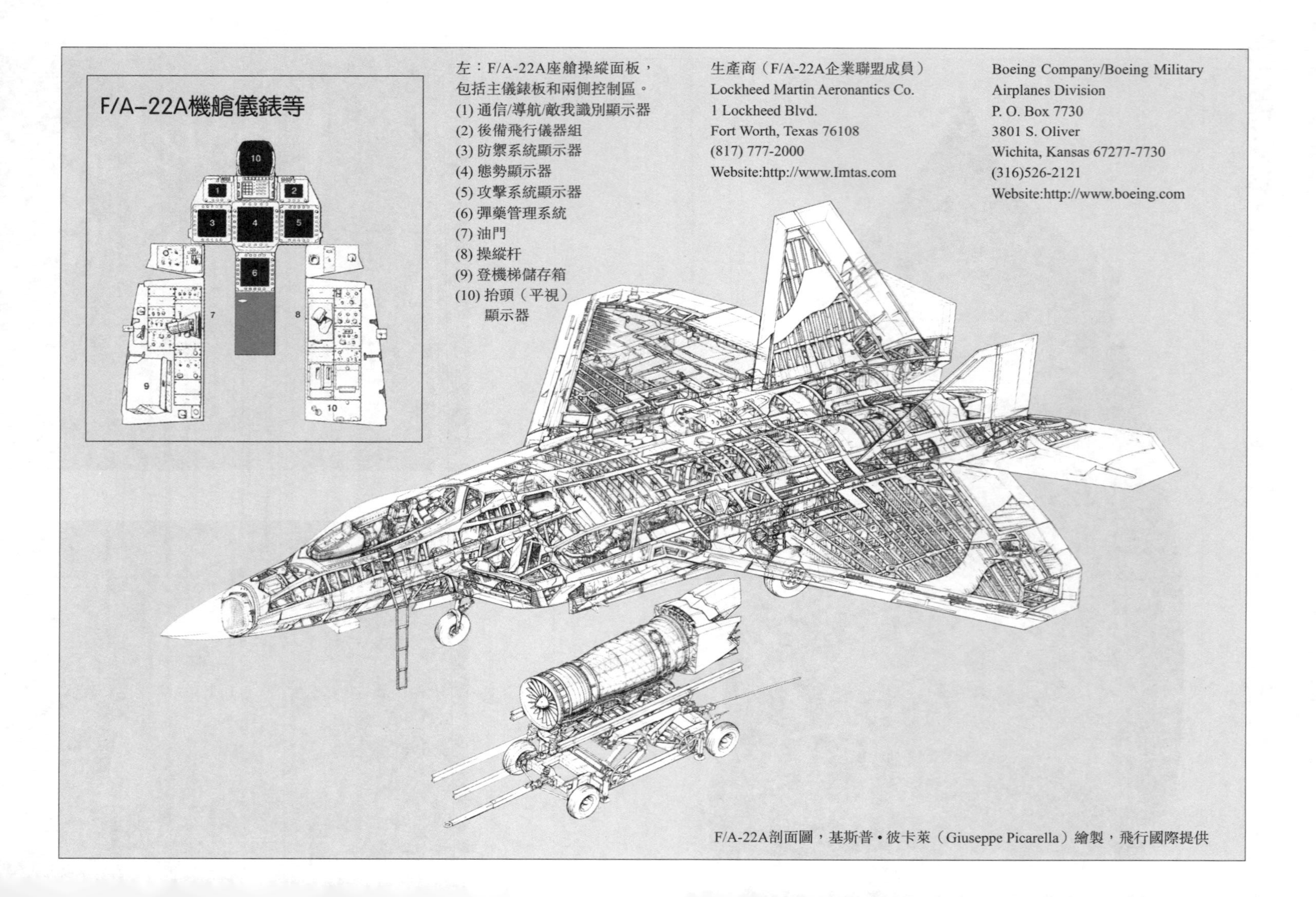

F/A-22A剖面圖，基斯普•彼卡萊（Giuseppe Picarella）繪製，飛行國際提供

6 動力裝置
Powerplant

在聯合先進戰鬥機引擎（JAFE）專案中，共有兩種引擎設計研發方案。一種為普惠公司（康涅狄格州的東哈特福德市）研發的F119引擎，在佛羅里達州的西棕櫚灘市進行測試。F119引擎的其他生產地點包括：康涅狄格州的紐黑文市和米德爾頓市，緬因州的北貝裡克市，喬治亞州的哥倫布市。另一種為通用電氣公司研發（俄亥俄州的埃溫戴爾市）的F120引擎。兩種引擎均在YF-22A原型機上進行測試。兩種引擎都具備自啟動能力和自主地面檢驗系統。設計重點是實現極高的推重比（在作戰重量下，F/A-22A的推重比估計大約為1.4：1）和可靠性。

在由航空系統部主持的論證/定型階段，普惠公司從1983年開始對PW5000引擎的研發。其後，空軍命名為F119引擎。1984年，開始設計引擎裝配設備，並開始模型測試。1985年，完成了引擎原型機的設計，建成了相應組裝線並開始測試原型引擎。

1987~1989年，增加了新的元件核心和引擎測試專案。1989年，進行了使用原型引擎的首次飛行測試。

通過地面測試類比了一台F119引擎長達6年的使用過程。25台飛行測試引擎中的第18台被選定作為耐力測試引擎。在測試中，這台引擎經過4 325次熱迴圈（代表6~8年的使用週期）。但在測試中，引擎並沒有出現任何嚴重故障或失靈。在2002年末，研發人員又使用這台引擎繼續進行了一系列等值耐力測試。F119引擎的設計壽命為8 650次熱迴圈，相當於15年的使用週期。

下圖：在萊特・派特森空軍基地，美國空軍博物館展出的YF119-PW-100引擎。

上圖：用於F/A-22A的標準F119-PW-100引擎剖面圖。其中藍色和紅色區域分別指引擎的低溫和高溫區域。

而要把F119工程樣機過渡到標準形正式產品，就要求普惠公司對組裝線進行改裝。本書撰寫之際，普惠公司正在對組裝線進行改裝，計畫到2008年讓原來每月3台的生產速度提高到每月8台。在F/A-22A訂購量不變的情況下，普惠公司計畫到2009年讓生產速度達到最高值，即每年生產74台F119引擎，並一直持續到2012年。當生產速度達到最高時，F119的總生產量幾乎是米德爾頓製造中心生產的商用/軍用引擎數量的1/3。F119的價格大約為每台1 000萬美元。

值得注意的是，普惠公司並沒有在F119引擎上坐享其成。事實上，這個公司正在努力研發F119引擎的改進型，並希望能夠將這種改進型F119引

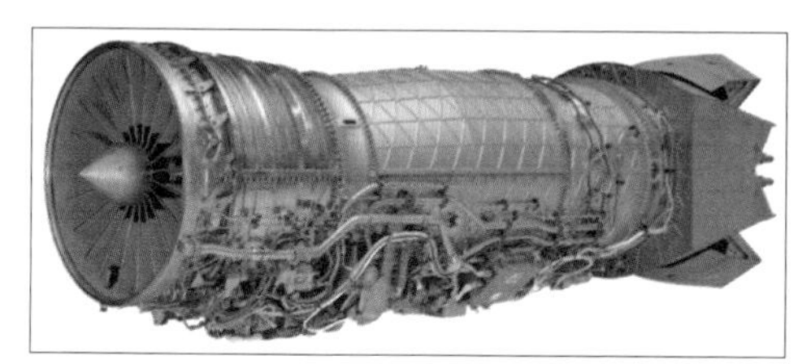

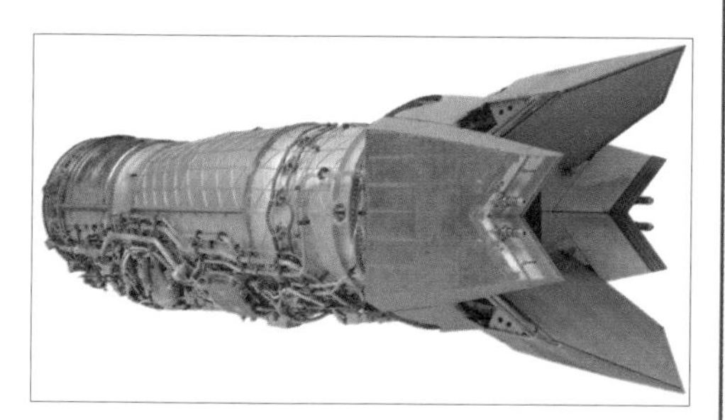

本頁圖：F119-PW-100的一個設計重點為，引擎及噴口（包括可調向量元件）的可更換部件應便於維修，易於接近。

擎用在更新型F/A-22A上，並使用它更加強悍的性能讓「猛禽」飛得更高更快。所有的改進中包括軸對稱推力向量噴口，這種噴口與現在的引擎噴口相比，結構更加簡單，而造價更加低廉。預計到2009年，改進型F119引擎將會面市。

在YF-22A和F/A-22A上，採用了分離固定式斜面菱形進氣道為發動機供氣。這種進氣道為引擎提供了穩定的氣流和巨大的進氣量。在進氣道設計上，

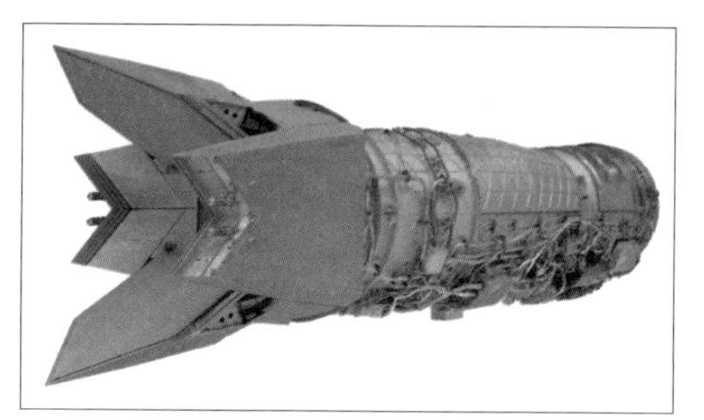

低可見性的要求扮演了一個至關重要的角色。最後採用的通氣道架構具有100%的引擎面直線遮蔽率，從而減少了雷達回波。F/A-22A的進氣道位置與YF-22A相比略微靠後，這樣可以讓前部機身擁有更好的隱形和空氣動力性能。

在進氣道腔內設計了邊界層分離系統。這種系統通過進氣道上緣後面的狹縫排出空氣。在機身背部還安裝有輔助進氣道。

當空軍最終決定在兩種競標引擎中選定YF119引擎參與F/A-22A專案的

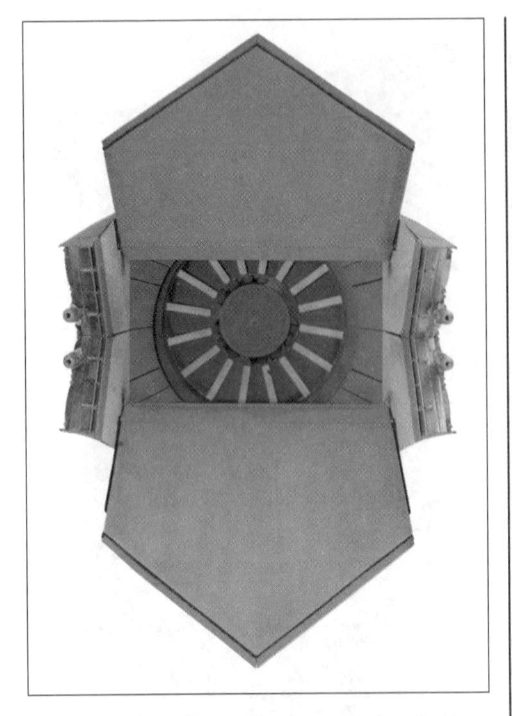

上圖：據稱，F119-PW-100的噴口部件已經最大程度地減輕了重量。

研發後，普惠公司計畫在1997年開始大約1 500台F119引擎的長期生產計畫。到1992年時，對於該引擎的地面和空中試驗時間累計已超過3 000小時。其中，大約1 500小時用於二維噴口的測試。

YF-22A使用的YF119原型引擎和F/A-22A使用的F119引擎均為防旋轉雙轉子加力渦輪發動機。其中，低壓轉子由一個單級低壓渦輪驅動一個三級扇體組成。高壓轉子由一個單級高壓渦輪驅動一個六級高壓氣體壓縮機組成。高壓氣體壓縮機的出口導向葉片採用鑄件結構，作為無支撐擴壓段的一個整體部分。噴口系統包括全調製冷卻加力燃燒室和一個具備推力向量（TV，垂直面上±20°）功能的矩形二維收斂—分散噴口。

飛行控制系統通過引擎控制系統對推力向量角進行控制。液壓驅動的上下逸出板控制著噴管出口面積和推力向量角。

引擎由一個安裝在引擎上的冗餘全權數位引擎控制器進行控制。這些控制器連接噴口上的液壓傳動器、燃料節流閥和壓縮系統可變形狀，而引擎控制所需的電能和液壓動力則由一個安裝在引擎上的獨立液壓/發電系統提供。

全部引擎元件都安裝在引擎下方，以便於地面維護。通過波音公司研發的A/M32M-34六軸拖車可以在90分

下圖：F/A-22A燃油系統靜態測試設備，包括四個管道用於可拋型副油箱測試。

鐘內完成一台引擎的更換。這台拖車有14英尺（4.27米）長，6英尺（1.83米）寬。如果把它的機械驅動剪刀式升降機完全降下來的話，它的高度僅為38英寸（96.5釐米），但最高可達到5英尺（152.5釐米）。拖車淨重量為3 400磅（1 544千克），最大負載能力為7 500磅（3 400千克）。

在F/A-22A的翼身結合處安裝有聯合信號公司生產的G250輔助動力單元，用於為引擎提供啟動能源和初始電力。同時安裝有儲能電瓶（SECS），用於引擎熄火後的重啟動。

F119-PW-100引擎的推力（加力狀態）為35 000磅（15 890千克，155.7千牛）。軍用推力狀態大約為23 500磅（1 067千克，104.6千牛）。標準型F119引擎與安裝在原型機上的YF119原型引擎僅在噴口狀態上略有不同，此外風扇的直徑也稍微增大了一點。

與當前的其他戰鬥機引擎相比，F119引擎的部件數量減少了40%，而且部件的耐用性和效率性都有所增高。計算流體動力學是一門使用先進電腦研究氣流規律的學科。正是這門學科，讓F119的引擎葉輪效率達到前所未有的高度，並允許F119在具備更少的渦輪級數的基礎上，產生更大的推力。

F119引擎所需的後勤維護和保障需求量，包括人員工作量和備件數量，都降低了50%。更重要的是，需要異地運輸的維修備件的數量大大減少了。（如果發生戰鬥的話，這些備件往往需要穿過交火地區進行運輸。）據估計，F119引擎需要正式進站維修的次數要比前一代引擎減少了75%。

F119的詳細特徵包括：

- 一體式葉片轉子：在引擎中的大部分轉盤和葉片均為單片金屬結構，以提高引擎性能並減少空氣外漏。
- 長弦、無外殼、空心（以節省重量）的風扇葉片：更寬和更堅實的風扇葉片不再需要外殼——環繞於大部分噴

下圖：空中加油插座，安裝在飛機背部中心線上，平時由兩個液壓驅動的艙門覆蓋。

氣式發動機風扇的金屬環狀物。較寬的葉片和無外殼設計都增強了引擎的工作效率。

- 低展弦比、高負載的壓縮機葉片，更寬的葉片具有更大的強度和效率。
- 高強度耐高溫鈦合金（含碳）的壓縮機葉片：普惠公司的新型鈦合金提高了定子的耐用性，允許引擎在更高的溫度下以更高的速度運轉，從而產生更大的推力。
- 高強度耐高溫鈦合金（含碳）的加力燃燒室和噴口同樣的耐高溫鈦合金使後部零件免受高溫的損害，從而允許引擎產生更大的推力並具備更強的耐久性。
- 浮動壁燃燒室。鈷含量較高的抗氧材料製造的絕熱壁板使燃燒室具有更好的耐久性，同時還可以降低對動力裝置的維護要求。
- 第四代全權數位電子發動機控制系統（FADEC）：雙餘度數字發動機控制——每台發動機裝有兩個控制單元，每個控制單元配備兩台電腦——保證了F-22發動機控制系統無與倫比的可靠性。在戰鬥機發動機工作中引進了與飛機系統相同的全權數位控制，使動力裝置和機體組成單一的飛行單元發揮功能。
- 不可見排氣：這將減少敵人目視發現F-22發動機噴出燃氣的可能性。
- 改進的保障性。所有的零件，電纜和管件都安裝在F119引擎的底部，以方便維護人員工作。所有的現場更換單元（LRU）都獨立安裝（各部件不疊放安裝）。另外，使用六種用於發動機維護的標準工具中的任何一種，都可以完成所有現場可更換單元的拆卸。

F119引擎的噴口是世界上第一種成批生產的向量噴管，它作為一種原創性的裝置完全與機身動力裝置融為一體。這種二維噴管可以使發動機的推力上下偏轉20°，以此改善飛機的敏捷性。向量推力可以使F-22的滾轉速率增加50%，而且有助於滿足飛機的隱身要求。

即使使用了加力燃燒室，耐熱部件也保證了噴口具有向量發動力推力必須的耐久性。有了精確的數位控制，噴口就如「猛禽」上的另一個飛行控制舵面一樣工作。推力向量是F-22飛行控制系統中的一個整體部分，它能保證所有部件在回應飛行員指令時保持整體的連續。噴口元件由普拉特·惠特尼公司在佛羅里達州工廠的西棕櫚實驗室製造。

在F/A-22A的機身上安裝了輔助驅動裝置（AMAD）。由波音公司製造。這套裝置將汽輪機啟動器系統（ATSS）的軸功率傳遞給F119引擎，

上圖：推力向量噴口下部導流板。

上圖：當飛機處於靜態時，推力向量噴口上下導流板以最大狀態（非對稱）打開。

用於引擎的啟動。它還可以把發動機的力量傳送到控制電氣、液壓系統的發電機和液壓泵。在整個飛行包線內，AMAD裝置將高性能地向F-22發動機傳遞所需的功率。而且它還使用了一個高可靠性的潤滑系統，可以用於為安裝在AMAD裝置上的發電機和ATSS系統潤滑，同時還為齒輪箱元件提供潤滑服務。

由通用電氣公司生產的YF120-GE-100引擎也是一種抗旋轉、雙轉子、可變旋環、加力式渦扇發動機。它由發動

下圖：這張廣為流傳的照片展示了F119-PW-100引擎的推力向量性能。

上兩圖：F119-PW-100靜態測試設備。通過水柱對噴口進行降溫，並降低噪音。

機外置式三重冗餘全權數位控制單元（ECU）進行控制。由單級高壓渦輪驅動的雙級風扇組成了引擎的低壓轉子。可變旋環技術使這種發動機可以在亞音速下具備更高的燃料效率，而在超音速飛行時則按照傳統的渦輪噴氣發動機模式運行。它的噴口採用了二維收/散設計，具備了推力向量能力。

F/A-22A隱身性能的重點之一就是它的噴口系統。為了保證「猛禽」的整體隱身性能的平衡，噴口及相關尾翼部分必須採用相應的邊緣導向和間斷面的要求。此外，還要集成高溫技術，以便在不影響「猛禽」推進效果的前提下，保證飛機整體的隱身性能。

F/A-22A使用JP-8燃油（萘基燃料），由8只油箱承載（分別安裝在前部機身、中部機身、機翼和每個尾桁中）。還可以使用鞍式或翼掛式油箱提供更多的燃油。此外，F/A-22A可以掛載4個F-15型油箱（使用Edo BRU-47A掛架，每個機翼下可掛載2個），每個油箱可容納600美制加侖（2 271升）的燃油——用於長途轉場飛行。所有的油箱都由OBIGGS惰性氣體系統產生的氮來保障安全。

上圖：全加力狀態的F119-PW-100推力向量噴口。

F/A-22A機身頂部中央的空中加油接口（由Xar工業集團生產），被兩個蝶形艙門覆蓋，由飛行員控制打開或關閉，並內置用於夜間照明的低壓燈。

下兩圖：兩側斜面形進氣道有助於提高飛機的隱形性能。

裝備了通用動力公司YF120–GE–100引擎的YF–22A（N22YF）在1990年9月29日進行首飛，駕駛員為鮑勃・弗格森。

右圖：普惠公司的YF119-PW-100引擎及噴口元件正在被安裝在YF-22A（N22YX）上。

下圖：配備普惠公司YF119-PW-100引擎的YF-22A（N22YX），在進氣道側面可以看到普惠公司的標誌。

上圖：近處為配備普惠公司YF119-PW-100引擎的YF-22A（N22YX），較遠為配備通用電氣公司YF120-GE-100引擎的YF-22A（N22YF）。

上圖：F/A-22A工程開發樣機（91-4002），左側主武器艙正處於打開狀態，可以看到艙內的3枚AIM-120導彈。

上圖：波音757原型機（N757A）作為YF-22A和F/A-22A武器系統和機載電子設備系統的空中實驗室。

上圖：F/A-22A（00-4013）的主儀錶板，請注意其沒有安裝任何模擬式儀錶，左側為起落架收/放把手。

上圖：第二架F/A-22A工程開發樣機（91-4002）正在夜間進行靜態引擎試車。

上圖：第二架F/A-22A工程開發樣機（91-4002）正在接受洛克希德・馬丁公司攝影師的拍攝。

上圖：F/A-22A（01-4027）尚未完成雷達吸收材料噴塗。這架飛機現已交付廷德爾空軍基地使用。圖中可以看到不同位置的雷達波吸收嵌板。

上圖：F/A-22A（02-4035）在喬治亞州的瑪麗埃塔製造中心的最後階段。這架飛機現已交付給佛羅里達州的廷德爾空軍基地。

上圖：愛德華茲試飛場上空的一架F/A-22A工程開發樣機，請注意其下傾的全翼展前緣襟翼。

F/A-22A工程開發樣機（91-4002）在三腳架上安裝了螺旋改出傘，傘體將由彈筒彈出。

上圖：F/A-22A（01-4018）的正面照片，在廷德爾空軍基地的新型機庫中。

上圖：在月光的映襯下，一架愛德華茲空軍基地的F/A-22A（91-4010）正在通過波音KC-135R（60-366）進行加油。

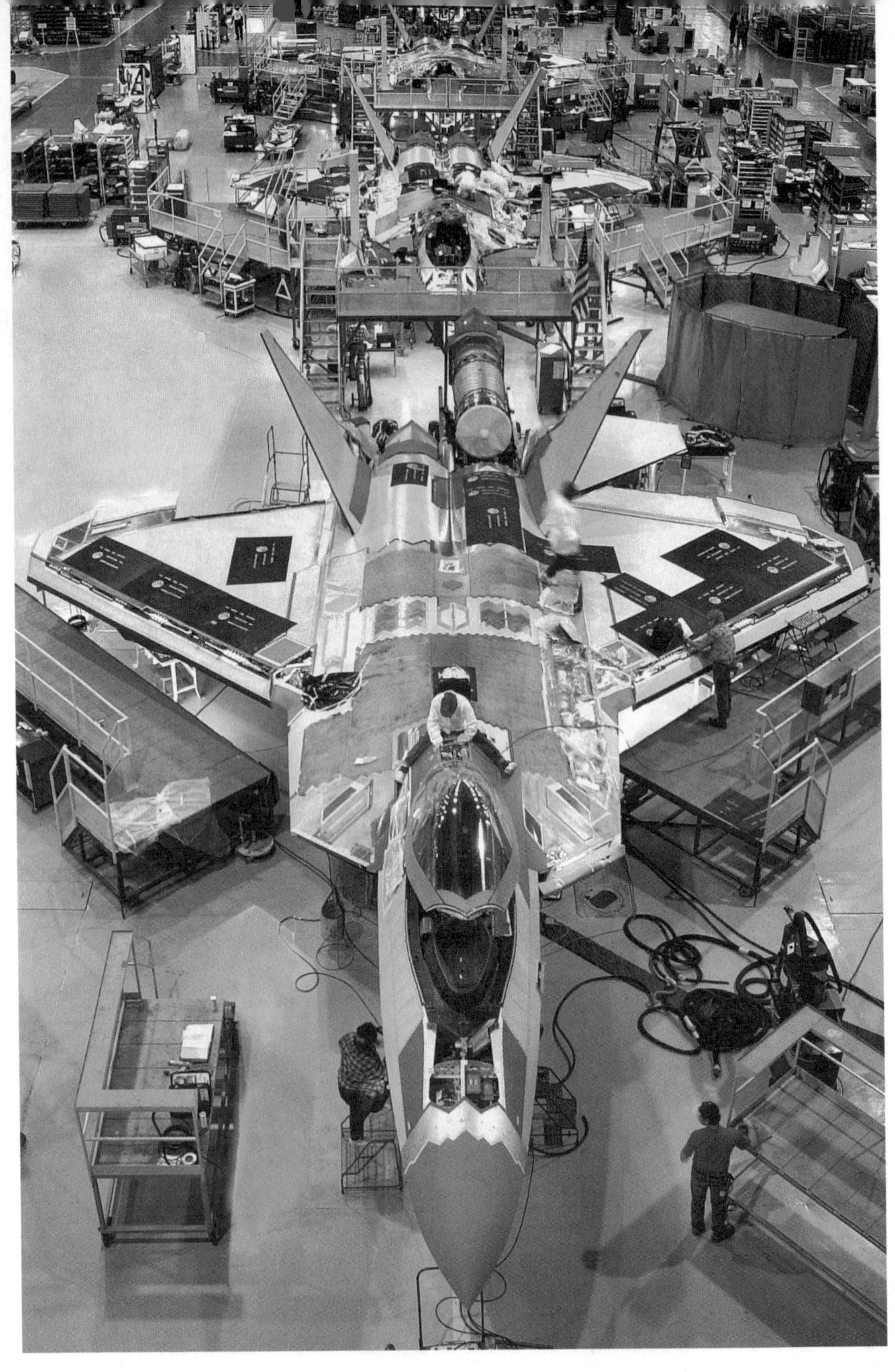

上圖：在瑪麗埃塔製造中心完成組裝的一架F/A–22A，生產規定公差為0.000 1英寸（2.54微米）。

上圖：F/A–22A工程開發樣機（91–4007）正在從愛德華茲空軍基地起飛，請注意其噴口處導流板的位置。

下圖：F/A–22A工程開發樣機（可能為91–4002）的主武器艙門全開，在右側艙中安裝了艙內測試儀器設備。

上圖：在喬治亞州的瑪麗埃塔製造中心，F/A–22A（02–4032）在進行靜態引擎試車前的地面檢查。

下圖：F/A–22A（01–4025）在瑪麗埃塔製造中心的最後階段。之後，它被交付給內利斯空軍基地。在兩個引擎艙之間可以清楚地看到制動鉤整流罩。

上圖：F/A-22A（02-4032）在瑪麗埃塔製造中心上空。這架飛機現已交付給佛羅里達州的廷德爾空軍基地。

下圖：2004年11月8日，F/A-22A（02-4032）在瑪麗埃塔製造中心的地面引擎試車棚內。

左圖：在飛行機動中，噴口推力向量導流板協調工作。圖中為F/A-22A（02-4032）的噴口向量導流板處在最大「開放」狀態。

右圖：可調向量噴口元件為普惠公司F119-PW-100引擎的一個組成部分。

下圖：10台普惠公司加力向量推力渦扇型F119-PW-100引擎運至瑪麗埃塔製造中心，準備安裝在F/A-22A上。

上圖：配備可調向量噴口的普惠公司加力渦扇形F119-PW-100引擎的右側視圖。

上圖：配備可調向量噴口的普惠公司加力渦扇型F119-PW-100引擎的左側視圖。

上圖：在波音A/M32M-34拖車上的普惠F119-PW-100引擎。

下圖：普惠F119-PW-100引擎的噴口視圖。

下圖：F/A-22A（02-4032）上安裝的普惠F119-PW-100引擎的噴口元件和相關可調向量斜面。